숲 해설 전문가 양성 · 훈련을 위한

숲 해설 워크북

숲 해설 전문가 양성 · 훈련을 위한

숲 해설 워크북

초판발행 2013년 12월 31일
초판 3쇄 2019년 1월 11일

엮은이 국립수목원
집필진 이주희 · 조계중 · 라승대 · 존 베버카 · 이해주 · 임연진
참여연구진 나혜현 · 박은경 · 김성희 · 황근연
펴낸이 채종준

펴낸곳 한국학술정보(주)
주소 경기도 파주시 회동길 230 (문발동)
전화 031 908 3181(대표)
팩스 031 908 3189
홈페이지 http://ebook.kstudy.com
E-mail 출판사업부 publish@kstudy.com
등록 제일산—115호(2000. 6. 19)

ISBN 978-89-268-5446-4 13480

숲 해설 전문가 양성 · 훈련을 위한

숲 해설 워크북

국립수목원 엮음

이담 Books

2005년 「산림문화·휴양에 관한 법률」이 제정된 후, 숲 해설과 산림교육 분야는 단 몇 년 만에 비약적인 발전을 이루었습니다. 이러한 발전은 숲해설가 및 산림교육 프로그램을 운영하는 수많은 분들의 열정과 노력으로 쌓인 업적이라 할 수 있습니다. 그러나 제도와 법률이 발전하는 동안 야외에서 활동하는 숲해설가와 실무자들은 운영 기법 등에 있어 그 열정만큼이나 갈증도 더해가고 있습니다.

이러한 시기에 국립수목원에서 미국의 유명 환경교육 및 해설 컨설팅 전문가 존 베버카(John Veverka) 박사와의 학술교류를 통해 최신 숲 해설가 양성·훈련 커리큘럼과 해설 기법을 한국 실정에 맞게 적용하여 산림교육 양성·훈련 기반을 구축하였다는 것을 대단히 기쁘게 생각합니다.

이번에 발간되는 『숲 해설 워크북』은 실질적인 훈련과 재교육에 대한 갈증을 해소하기 위해 워크북 형태로 편집되어 새로운 숲해설가 양성과 기존 숲해설가 훈련은 물론 산림교육 발전에 큰 도움을 줄 수 있을 것으로 기대됩니다.

끝으로 발간에 수고해 주신 전시교육과 산림교육 연구실 직원들에게 감사드리며, 미국 John Veverka & Associates의 대표 존 베버카 박사와 대구대학교 이주희 교수, 순천대학교 조계중 교수, A Space의 라승대 상무이사께 감사의 마음을 전합니다.

2013. 12. 31.
국립수목원장 신준환

　본서는 다양한 산림 서비스분야에서 산림체험 및 산림의 가치와 중요성을 알리기 위한 교육수요을 충족시키기 위하여 현장에서 근무하는 숲 해설가, 유아숲지도사, 숲길체험지도사, 그리고 산림치유지도사 등 다양한 인력들이 '해설이 어떻게 준비되고 계획되며, 실행되는지'에 대해 이해할 수 있도록 하기 위해 현장에서 필요한 해설 지식과 기술에 대한 구체적인 내용을 다루고 있다.

　제1장은 숲 해설에 대한 기본적이고 필수적인 정보를 제공하는 것으로 숲 해설의 정의와 목적, 임무 및 혜택을 다루고 있다. 또한 해설 프로그램을 준비할 때 필수적으로 고려해야 할 내용이 무엇인지를 담고 있으며 해설가의 역할을 알려주고자 한다. 이와 함께 해설기법의 대표적인 유형인 해설가 동반 해설기법(인적 해설기법)과 자기 안내 해설기법(비인적 해설기법)에 대하여 다루고 있다. 해설가 동반 해설이란 해설가가 직접 해설하는 기법으로 방문객과 직접 의사를 주고받는 기법이다. 자기 안내 해설기법은 방문객센터 또는 야외에 전시를 하거나 영상 또는 음성매체를 활용하며 다양한 형태의 팸플릿이나 소책자 등 간단한 인쇄물, 리플릿, 해설표지판, 그리고 전자장치 등을 활용하여 해설 서비스를 제공하는 기법 등에 대하여 간략하게 소개하고 있다.

　제2장에서는 숲 해설 프로그램이 이루어지는 환경을 즉흥적 환경과 기획된 환경으로 구분하여 해설가가 어떻게 방문객과 상호작용을 해야 하는지에 대한 내용을 다루고 있다. 즉흥적 해설이 이루어질 때 방문객과 어떻게 대화를 풀어나가야 하는지에 대한 내용을 다루고, 이에 대한

예와 연습의 기회를 제공하고 있다. 이와 함께 기획된 해설 환경에서 청중을 어떻게 사로잡을 것인가?와 해설을 통해 대상자원에 대한 가치를 어떻게 추가할 것인가에 대해 다루고 있으며, 마지막으로 해설을 향상시키기 위한 평가에 대해 다루고 있다.

제3장에서는 숲 해설 프로그램을 기획하는 데 있어서 짚고 넘어가야 할 내용을 다루고 있다. 구체적으로 해설 프로그램이 실패하는 이유, 프로그램 개발 동기, 그리고 해설 프로그램을 실제로 실행하기 위한 연습을 통해 틸든의 여섯 가지 원칙이 잘 적용되는지를 알아본다.

제4장은 전시 교육에 대한 내용을 다루고 있다. 실제로 해설과 전시는 따로 생각할 수 없는 관계이다. 전시의 개념과 의의, 전시계획의 개요와 연출사례와 정보전달을 개략적으로 다루고 있다. 전시는 해설에 있어서 메시지 전달을 위한 중요한 전달기법으로 다양한 분야에서 이루어지고 있으며, 그 파급력이나 역할은 점차 커지고 있다.

본 교재가 산림교육서비스현장에서 숲과 사람 간의 의사소통과정에 도움이 되기를 바라는 동시에 자연자원, 역사문화자원에 대한 해설을 하고자 하는 자연환경해설사 및 문화관광해설사들에게도 유익한 길잡이가 되었으면 한다. 끝으로 이 책의 출간을 위해 지원을 아끼지 않은 국립수목원 관계자들께 깊은 감사를 표한다.

대표저자 이주희

목
차

발간사 ▶▶▶ 5
서언 ▶▶▶ 6

🍃 **제1장 숲 해설 개요**

해설이란 ▶▶▶ 12
해설기법 ▶▶▶ 28
방문객센터 ▶▶▶ 37

🍃 **제2장 숲 해설 교육**

숲 해설 기획에 상호작용 기술 적용하기 ▶▶▶ 46
즉흥적 해설에서의 적용: 방문객들과의 비형식적인 대화 ▶▶▶ 52
기획된 해설에서의 적용: 청중 사로잡기 ▶▶▶ 66
가치 추가하기: 해설 시연을 위한 해설 기술 적용하기 ▶▶▶ 73
평가: 해설 향상시키기 ▶▶▶ 78

제3장 숲 해설 프로그램 기획 교육

해설 프로그램 기획 ▸▸▸ 85

해설 프로그램 기획에서 주의할 점 ▸▸▸ 94

해설 프로그램 연습 ▸▸▸ 103

해설 프로그램 정보의 전달 ▸▸▸ 118

제4장 전시 교육

전시의 개념 및 의의 ▸▸▸ 125

전시계획 개요 ▸▸▸ 129

전시연출 사례 ▸▸▸ 136

전시연출 체험 ▸▸▸ 145

참고문헌 ▸▸▸ 147

제1장
숲 해설 개요

해설이란

1. 해설의 정의

 방문객 스스로가 방문지로부터 얻는 편익을 충분히 지각하고 자신의 경험으로 만드는 것은 매우 중요하다. 즉, 방문객의 활동 경험에서의 지각 정도는 보다 높은 단계의 경험으로 가는 데 필수적인 과정이라는 것이다. 활동 경험의 질을 좌우하는 개인의 지각 수준은 다양한 요인에 의해 결정되는데, 해설은 이러한 지각 수준을 강화하는 데 영향을 미치는 요소 중 하나다. 오늘날 양질의 여가경험을 추구하는 방문객의 양이 증가함에 따라 자연환경 및 인문환경에 대한 자율적 인식과 즐거움, 그리고 그와 관련된 지각 수준을 강화하고자 하는 방문객 수 역시 지속적으로 증가할 것으로 예상된다. 이에 그러한 조건을 제공하는 해설의 유무는 방문의 동기로 자리매김하고 있다.

사전적 의미로 '해석, 설명, 통역'의 뜻을 가지는 해설(interpretation)은 유사 이래 다양한 분야에서 이루어져 왔으나, 최초의 전문적인 안내 혹은 자연자원의 안내는 19세기 말 미국의 자연주의자들에 의해 비롯되었다. 자연주의자이자 최초의 자연자원해설가, 환경해설가인 밀스(Enos A. Mills)가 그 예이다. 그는 1889년부터 1922년까지 지금의 로키산맥국립공원에서 많은 사람들을 안내하였으며 해설이 전문 직업군의 하나로 자리 잡는 데 큰 역할을 하였다. 그 과정을 보면 1916년 국립공원청(National Park Service)의 설립에 따라 해설이 국립공원 업무로 도입되고 이듬해인 1917년에 그의 제자 두 명이 로키산맥국립공원 자원해설가 자격을 취득하기도 하였다. 이어서 1920년에는 옐로스톤과 요세미티 국립공원에서 최초의 해설 프로그램이 시작되었다. 초창기에는 국립공원 내의 자연생태계 현상을 주 대상으로 하여 해설이 이루어졌으나, 1930년 이후에는 해설의 주제가 역사·문화, 자연생태계에 관한 것으로 옮아갔다. 최근에는 지구환경문제가 주요 주제로 다루어지는 추세이다. 밀스는 "해설은 정보의 제공이라기보다 영감을 불러일으키는 일"임을 강조하고 숲 속에서 단체를 안내하는 기술에 관해서도 뛰어난 통찰력을 보였다.

이외의 학자들에 의한 해설의 개념을 보면 다음과 같다.

해설이론의 고전으로 받아들여지고 있는 프리만 틸든(Freeman Tilden, 1957)은 해설이란 '단순히 사실적 정보를 주고받는 것이라기보다는, 실제의 목적물을 보여주며 직접 경험을 통하거나 또는 적절한 매체를 통해 현상에 내재된 의미와 관련성을 나타내 보이려고 하는 교육적 활동'이라고 정의하였다.

왈린(Harold Wallien ,1965)은 해설이란 '환경이 지니고 있는 아름다움과 복잡성, 다양성, 그리고 상호관련성을 느끼는 민감함, 경이로움, 호기심 등을 해설 프로그램을 통하여 방문객으로 하여금 느끼도록 도와주는 활동이며, 방문객이 처음으로 찾아간 환경에서도 편안한 마음을 느끼게 해주는 동시에 방문객의 환경에 대한 인식을 넓히는 활동'으로 정의하였다.

에드워즈(Yorke Edwards)는 해설은 '정보서비스, 안내서비스, 교육서비스, 여가 서비스, 홍보 서비스, 그리고 영감을 주는 서비스 등의 6가지가 적절하게 조합된 것으로서, 해설을 통하여 환경자원을 이용하는 사람들에게 새로운 이해, 새로운 통찰력, 새로운 환경에 대한 열의, 그리고 흥미를 불러일으킬 수 있다'고 하였다.

알드리지(Don Aldridge)는 해설이란 '방문자에게 그가 있는 곳을 설명해주는 기술이면서 방문자로 하여금 환경의 상호관련의 중요성을 인식시킴으로써 환경보전의 필요성을 일깨워주며, 그것을 실행에 옮길 수 있도록 도와주는 기술'이라고 하였다.

영국의 The Countryside Recreation Glossary에서는 해설을 '대상지역의 특징과 상호관련성을 묘사하거나 설명함으로써 그곳에 대한 방문자의 관심, 즐거움과 이해를 증진시켜 가는 과정'이라고 정의하였다.

해설에 관한 정의 중에서 『Interpretation Canada』에서 소개된 정의는 지난 30여 년간 아마도 가장 많은 기관과 미국과 캐나다 지역의 대학에 의해서 사용된 것으로, 해설이란 '문화, 자연유산의 의미와 관계를 알리기 위해 특정 대상물, 인공물, 그리고 경관 또는 지역을 대상으로 고안된 하나의 의사전달과정'으로 정의하고 있다. 즉, 해설의 전달

숲 해설 워크북

은 단순히 정보를 제공하는 것이 아니라, 전문용어를 방문객들이 일상적으로 사용하는 용어로 바꾸어 방문객에게 정보를 제공해주는 특별한 커뮤니케이션 전략이다.

이상의 정의를 요약해보면 해설이란 방문자에 대한 교육적 활동이고, 환경에 대한 인식을 넓혀주는 활동이며, 환경을 이용하는 사람들에게 새로운 이해와 통찰력, 열의, 흥미를 불러일으키는 활동이며, 환경보전의 필요성을 일깨워주는 기술이라고 볼 수 있다.

해설은 해설 대상지와 주제에 따라 분류할 수 있는데, 해설 대상지에 따른 분류를 보면, 숲 해설, 공원 해설, 공공지역 해설, 도시 해설, 농촌 해설, 공업지역 해설, 갯벌 해설, 고도(古都) 해설 등 장소적 특성에 따라 나뉘며 이러한 장소적 특성은 특정 지표(指標)에 따라 분산적으로 세분화될 수 있다. 예를 들면, 도시는 그 다양성으로 인해 무수한 스케일과 속성의 공간으로 분화되며 공원 역시 자연공원 · 도시공원 등으로 세분화할 수 있다. 숲은 자연자원과 사찰 등 인문자원이 함께 분포하므로 크게 자연과 인문자원으로 나눌 수 있고 자연자원은 다시 계곡 · 하천 등으로 나뉜다.

주제별 분류를 보면 숲 · 갯벌 · 동물 · 식물 · 곤충 · 지질 · 역사 · 문화 · 사회 해설 등이 있다.

우리가 해설 대상지 또는 대상물을 설정하여, 그 지역 또는 대상물에 대한 해설을 하고자 한다면 〈그림 1〉 해설 모형을 활용해 해설 프로그램을 개발하여 실행할 수 있다.

우선 해설을 하고자 하는 임무 및 목적 · 목표를 설정하여 해설 프로그램 또는 서비스가 추구하는 방향을 정한 다음, 그러한 목표에 부합하는 이야기 소재와 주제를 선택하여 방문객에게 전달하고자 하는 주된 메시지를 명확하게 전달하여야 한다. 해설의 목적은 장기적 관점에서 추구하려는 거시적이고 일반적인 것(purpose)이며 목표는 자원 해설을 통하여 단기적으로 관광객이 어떤 수준에 도달할 것인가를 구체적으로 제시하는 것을 말한다. 목표는 주체(who), 행동양태(do what), 행동양태에 대한 조건(how), 도달 정도(how much) 4단계로 나누어 접근, 설정하여 하나의 문장으로 나타낸다.

주제는 이야기 소재의 핵심 아이디어를 나타내는 것으로서 한 가지 명확한 주제를 담고 있어야 하며, 완벽한 문장으로 명시되어야 하고, 해설 프로그램 또는 전시의 주요 목표를 담고 있어야 한다. 마지막으로 해설 내용은 흥미롭고 방문객의 참여를 유도할 수 있도록 구성되어야 한다.

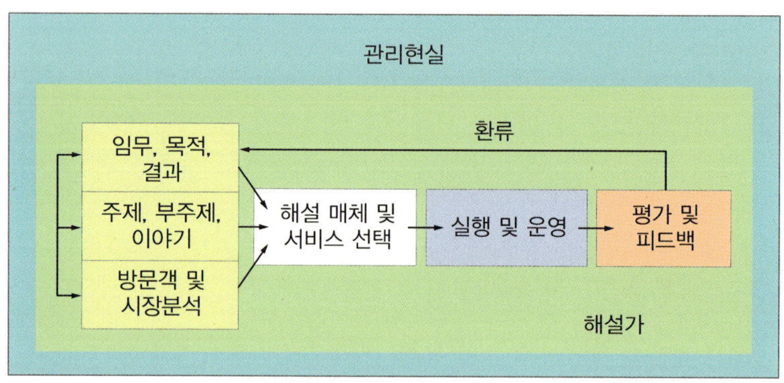

〈그림 1〉 해설 모델
자료: John Veverka, 2002

해설이 성과를 얻으려면 해설에 참여하는 사람들을 파악하기 위한 방문객과 시장분석을 위한 자료 수집이 필요하다. 예를 들어, 예상되는 참가자의 성별, 연령 등 인구통계학적 속성, 사회경제적 배경 및 지위, 신체적 특성, 관심 분야, 경험하고 싶어 하는 것은 무엇이며, 해설 대상지에 대한 방문 동기, 방문의 시계열적 추이, 해설 대상지, 정체성 등을 파악하여야 한다. 또한 해설 자원에 대한 면밀한 분석을 위해 다양한 경로(실내작업, 직접 수집 등)로 자료를 수집해야 한다.

또한 해설가가 전달하고자 하는 메시지를 전달하기 위하여 해설의 전달방법 및 서비스 선택 과정은 매우 중요하다. 즉, 해설에 적용할 구체적인 해설가 동반 해설기법(인적), 자기안내 해설기법(비인적)을 선정히여 방문객에게 메시지를 전달히여야 한디. 주제를 중심으로 살을 붙이는 방법으로 시나리오를 작성하고 필요하면 재현, 시연 등의 방법을 강구한다. 해설 프로그램 실행 및 운영단계에서는 해설 프로그램 수행을 위해 필요한 요소인 시간 · 비용 · 인력의 상황을 고려한 해설 프로그램 설계와 홍보 등이 고려되어야 한다.

마지막으로 참여자들로부터 평가 및 피드백과정을 통하여 의도된 해설 목적이 어느 정도 성취되었는지를 검토하여 해설에 대한 평가와 수정 방향을 다시 제시한다. 해설가는 해설 프로그램을 직접적으로 방문객에게 제공하는 사람이다. 각 해설가는 각기 다른 경험을 갖고 있으며, 전문성의 정도도 다르고, 갖고 있는 고유의 개성도 다르기 때문에 방문객의 자원 지각에 다른 영향을 미치게 될 것이다. 가장 위에 있는 관리현실은 대상지역의 해설에 대한 예산, 시간적 제약과 정책적 지원, 조직구성원 등을 의미한다(〈그림 1〉).

2. 해설의 목적과 임무

샤프(Grant W. Sharpe)는 해설의 목적을 세 가지로 요약하고 있다.

첫째, 해설의 목적은 방문객이 방문하는 곳에 대하여 보다 예리한 인식능력 · 감상능력 · 이해능력을 갖도록 도와주는 데 있다. 즉, 해설을 통하여 방문객들에게 보다 풍요롭고 즐거운 경험을 할 수 있도록 도움을 주려는 것이다.

둘째, 해설을 통하여 자원관리의 목표를 성취할 수 있다. 즉, 해설은 방문객으로 하여금 대상지 내에서 적절한 행동을 하도록 유도할 수 있으며, 또한 과다이용으로 인하여 훼손된 지역 또는 이러한 위험이 잠재하고 있는 지역에서 적절치 못한 행동을 하지 않도록 안내하고 교육함으로써 대상지 자원에 대한 인간의 영향을 최소화할 수 있다.

셋째, 해설은 대상기관 또는 대상지의 홍보수단으로서, 해설가들이 진행하고 있는 여러 가지 해설 프로그램에 대한 대중의 이해를 촉진시켜 대상지 및 관리기관에 대한 이미지를 바람직한 방향으로 부각시키는 데 기여할 수 있다.

1) 광의의 임무

① 프로그램과 해설 프로그램에 대한 이해의 증진을 도모한다.

② 방문객에게 안정감과 영감을 줄 수 있으며, 심적 여유와 풍요로움, 그리고 즐거운 경험을 제공한다.

③ 방문객에게 해설 대상지 자원에 대한 예리한 감수성과 인식, 그리고 이해를 개발하는 데 도움이 된다.

숲 해설 워크북

④ 해설 대상지의 홍보와 함께 해설 대상지가 보유한 자원과 시설의 사려 깊은 사용을 유도함으로써 관리의 목적을 성취한다.

⑤ 양질의 해설 프로그램과 방문객센터의 시설을 통하여 대중과의 긍정적인 관계를 창출한다.

2) 세부적인 임무

① 해설 대상지 또는 기관의 중요성에 대한 정보를 일반 대중에게 제공한다.

② 해설 대상지에서 참여할 수 있는 다양한 기회를 알리고, 어떻게 안전하게 참여할 수 있는지에 대한 정보를 제공한다.

③ 방문객의 지식 부족으로 인하여 시설이 어떠한 피해를 입는가를 인식하게 한다.

④ 방문객이 원하는 방문 지역을 용이하게 이용하도록 한다.

⑤ 방문객, 특히 청소년들의 바람직하고 건전한 활동을 유도할 수 있도록 연령·계층에 따라 다양한 해설 프로그램을 제공할 수 있다.

⑥ 해설 대상지에서의 쓰레기 줄이기 등과 같은 계몽활동을 법률적인 접근 방법에서 교육적인 접근 방법으로 전환할 수 있는 관리 해설 프로그램을 제공한다.

⑦ 방문객들에게 해설 대상지에서 경험하는 것을 그들의 일상생활에 적용할 수 있도록 관련성을 부여한다.

⑧ 방문객들에게 해설 프로그램을 제공하여 해설 대상지에 대한 호기심을 자극함으로써 숲 보호에 기여할 수 있는 생활태도를 함양한다.

3. 해설의 혜택

바람직한 해설이 이루어질 때 얻을 수 있는 혜택은 다음과 같다.

첫째, 대상지의 대외홍보와 관리의 수단으로 매우 유익하다. 대외홍보의 측면에서는 방문객이 대상지에 대한 가치를 인식함으로써 대상관리기관에 대한 지지를 얻을 수 있다.

둘째, 대상지가 가지고 있는 자연, 문화자원의 보호에 방문객이 적극적으로 참여하게 되어 환경훼손에 민감한 지역에 접근하지 않고 탐방로를 이용하도록 유도할 수 있으며, 야생화를 뽑는 등의 자연을 파괴하는 활동을 자발적으로 자제하도록 할 수 있다.

셋째, 자연자원과 자연에 관한 가치를 이해시키고 인식시킴으로써 방문자에게 기쁨과 흥미를 제공하는 데 기여할 수 있다.

넷째, 해설을 통해 보다 많은 방문객이 대상지를 반복적으로 방문하게 되며, 이들 방문객이 지역에 대해 보다 긍정적이고 적극적인 환경보존활동에 참여할 수 있는 가능성을 높일 수 있다. 또한 지역주민에게는 지역에 대한 자부심과 지역 유산에 대해 적극적인 보존활동을 전개할 수 있는 원동력을 제공하는 중요한 역할을 할 것이다.

마지막으로, 방문객에게 대상지의 시설물의 보호 및 유지의 필요성을 전달할 수 있으므로 반달리즘(Vandalism)을 감소시킬 수 있다. 그리고 이를 통하여 시설물의 수리와 유지보수 비용을 줄일 수 있다.

이러한 해설의 혜택은 모든 자원의 해설에서 보편적으로 나타나며 이를 숲에 적용하면 다음과 같다.

첫째, 숲의 대외홍보와 관리의 수단으로 매우 유익하다.

둘째, 숲이 가지고 있는 자원의 보호에 방문객이 적극적으로 참여하게 된다.

셋째, 숲에 관한 가치를 이해시키고 인식시킴으로써 방문자에게 기쁨과 흥미를 제공하는 데 기여할 수 있다.

넷째, 해설을 통해 보다 많은 방문객이 숲을 반복적으로 방문하게 되며, 이들 방문객이 지역에 대해 보다 긍정적이고 적극적인 환경보존 활동에 참여할 수 있는 가능성을 높일 수 있다.

마지막으로, 반달리즘을 감소시킬 수 있다.

4. 해설의 6가지 원칙(Tilden, 1957)

해설은 여러 가지 방법과 서비스를 활용하여 방문객에게 만족을 줄 수 있어야 한다. 이러한 해설의 과정에서 틸든은 다음의 6가지 항목을 지적했다. 이러한 원칙을 바탕으로 해설 프로그램이 실행된다면 매우 바람직할 것이다.

① 해설은 방문객의 개성이나 경험과 관련되어야 한다: 방문객이 가장 관심을 가지는 것을 활용해야 한다. 이를 위해 해설 프로그램을 시작하기 전에 방문객과의 대화를 통해 그들이 관심을 가지고 있는 내용을 해설 프로그램과 연관시키도록 해야 한다.

② 해설은 정보 그 자체가 아니라 정보에 근거를 둔 경험적 사실이다: 해설은 정보와 지식의 제공을 통해 감성에 영향을 미쳐 방문

객의 행동 변화를 유도해야 한다.

③ 해설은 과학, 역사나 건축 등을 소재로 한 예술을 접목시킨 종합 예술이다: 예술 역시 다양한 교육적 요소를 포함하고 있다.

④ 해설의 목표는 가르치는 것이 아니라 방문객에게 자극을 주어 스스로 깨닫게 하는 것이다: 해설을 통해 자연을 이해하고, 이해를 통해 자연의 가치를 평가하고, 평가를 통해 자연을 보호할 수 있다.

⑤ 해설은 부분보다는 전체를 전달해야 한다: 해설은 대상물 각각에 초점을 맞추어야 할 것이나 그 대상물이 전체적인 맥락 안에서 갖고 있는 위상 및 가치와 더불어 전달되어야 하며, 특정인을 대상으로 하는 것이 아니라 전체의 사람들을 대상으로 정보를 전달해야 한다.

⑥ 어린이를 위한 해설은 성인 대상의 해설과 구별되어야 한다: 성인 대상 해설 프로그램을 쉽게 표현하는 것이 어린이 해설 프로그램이 아니며, 어린이의 특성에 기초하여 근본적으로 다른 접근을 해야 한다. 따라서 어린이와 성인을 위한 별도의 해설 프로그램을 준비하는 것이 바람직하다.

5. 해설 프로그램

실제 해설에 사용할 수 있는 해설 프로그램은 해설의 전체를 보여주는 것으로, 해설 프로그램 형태는 여러 가지 복합적인 요인에 의해 운영되고 결정된다.

해설 프로그램을 준비할 때 고려해야 할 사항은 다음과 같다.

- 대상 지역의 크기 및 특성
- 방문객에게 무엇을 전달할 것인가?
  - 자연 역사, 생태, 지질, 역사 등
- 방문객이 누구인가?
  - 가족, 특정단체, 학교단체, 성인, 아동, 장애인 등

1) 주제의 개발과 선택

해설에 있어서의 주제 개발은 해설가가 설명하고자 하는 주안점 또는 메시지를 의미한다. 그러므로 주제는 대상 방문객에게 가장 중요하고 흥미로우며, 그들의 일상생활과 연관성이 있어야 한다. 또한 이해하기 쉬워야 하며 목표에 부합하고 반드시 하나의 주제에 초점을 맞추는 것이 필요하다.

예를 들면, 해설 대상지의 자연적·역사적 현상을 해설하기 전에 해설 대상지에 대한 세밀한 관찰과 연구가 이루어져야 한다. 이러한 과정은 지리학자, 임학자, 야생동물 전문가, 야생조류 전문가, 역사가, 지역 주민과 전시교육 담당자 등과 같은 여러 분야 전문가의 협동작업을 필요로 한다.

일반적으로 주제를 개발하기 위해서는 각 대상지의 자원 조사가 선행되어야 하며, 방문객에게 무엇을 제공할 수 있는가에 대한 질문을 가지고 해설을 위한 주제를 선택해야 한다. 선택된 하나의 주제는 관심과 주의 환기가 가능한 용어로 구성된 짧고 간결한 완전한 문장으로

제시되는 것이 바람직하다. 하나의 주제 아래 몇 개의 소주제를 개발함으로써 주제를 뒷받침할 수 있는 소주제 간의 연결고리를 만들어 하나의 체계적인 해설 프로그램을 만들 수 있다. 주제를 개발하기 위해 우리 주변에서 지나치기 쉬운 대상물의 가치를 주제와 연결시킨다든지, 핵심단어를 중심으로 마인드맵(mind map)을 만들어보는 것도 좋은 방안이 된다.

예: 식물의 외양은 그 주변 기후 환경에 영향을 받는다.
　　파충류의 개체 수의 추이는 생태계의 균형 여부와 관련 있다.
　　우리는 우리의 후손을 위해 자연을 지켜야 할 책임이 있다.

2) 대상 방문객의 분석

방문객이 누구인가에 따라 다양한 해설 프로그램을 준비할 수 있다. 해설 프로그램 개발 및 운영에 있어서 방문객 분석은 매우 중요하다. 방문객 분석이란 현재의 방문객은 누구이며, 잠재 방문객은 누구인가를 파악하는 것이다. 방문객에 대하여 그들이 누구이며, 어느 지역에서 왔으며, 방문동기와 기대는 무엇인가를 파악함으로써, 그들이 갖고 있는 특별한 관심과 필요성에 대응하여 보다 나은 해설 프로그램을 제공할 수 있을 것이다.

일반적으로 방문객 분석은 두 단계로 나누어볼 수 있다. 첫 단계는 특정 대상지에 대한 해설 프로그램의 계획을 추진하는 데 기초가 되는 것으로, 방문객의 흐름, 예상되는 방문객 수(일일·주간·월간·연간), 계절적 이용 등에 대한 조사 분석이다. 두 번째 단계는 보다 구체적인 분석으로, 첫 단계에서 조사된 일반적인 방문객 특성에 기초하여 특정 해설 프로그램·서비스에 주된 방문객(표적시장)은 누구일 것인가를 파악하고, 이용 계층(예: 초등학교 5~6학년, 중·고등학생, 일반 성인, 노년층, 시각 장애자, 자연보호모임 등)의 욕구와 흥미가 어떠한지를 분석하는 것이다.

일반적인 방문객의 선호 사항과 속성에 따라 분류된 그룹별 선호사항을 파악하는 것 역시 매우 중요하다. 그리하여 방문객의 경험을 관련시키고, 직접 개입시키는 다양한 해설 기법을 활용한다.

6. 해설가

1) 해설가의 정의

해설가는 해설 대상지를 이용하는 사람들에게 대상지의 특성, 형태, 구성 상태, 구성원 간의 관계 등을 자연과 문화, 역사적인 것에 대한 이해와 자극을 통해 방문객들이 흥미를 유발하면서 정보를 전달하는 역할을 하는 사람이다.

2) 해설가의 역할

① 해설가는 방문객에게 정보를 전달하고 자연을 이해시켜 자연의 가치를 알게 하는 역할을 한다. 이러한 과정에서 해설가는 빠른 판단력과 풍부한 상상력, 그리고 이에 따르는 배경지식을 가지고 있어야 한다.

② 해설가는 해설지역의 지질학적 · 생태학적 특성, 자생 동식물 같은 특수성을 고려하여 해설의 개발 방향을 설정해야 한다.

③ 해설가는 지속적으로 해설 지역의 특성을 조사하며 변동 상황을 파악해야 한다.

④ 해설가는 기계 · 장비의 이용, 사진, 현장에서 사용되는 여러 가지 기술 등을 상황에 따라 적절하게 사용할 수 있어야 한다.

⑤ 해설가는 끊임없는 조사 연구와 관찰, 학습을 통해서 해설의 수준을 높이도록 노력해야 한다.

⑥ 학술대회, 세미나, 워크숍 등에 지속적으로 참여함으로써 새로운 해설기법과 정보를 습득해야 한다.

3) 해설가의 자격 및 자질 요건

① 해설과 관련된 지식(의사소통 기술, 인간 행태, 환경에 대한 지식)

② 조직의 기능에 대한 지식

③ 개성

④ 대중을 상대하는 능력 및 사무처리 능력

⑤ 시간을 적절하게 활용하는 능력

⑥ 참을성 및 자기 성취감

⑦ 열정

⑧ 유머감각과 균형감각

⑨ 명료성

해설가를 효율적으로 활용하기 위해서는 해설가 자격인증제도의 도입이 필요하다. 미국의 경우, 미국의 경우, 1954년 설립된 자연해설가협회(Association of Interpretive Naturalists)와 1965년 설립된 미 서부 해설가 협회(The western Interpreter Association)가 연합하여 1988년 설립된 국가해설협회(National Association for Interpretation)에서 인증 해설 트레이너(Certified Interpretive Trainers), 인증 해설 호스트 트레이너(Certified Interpretive Host Trainers), 인증 해설 계획가(Certified Interpretive Planners), 인증 유산 해설가(Certified Heritage Interpreters), 인증 해설 관리자(Certified Interpretive Managers)와 같은 5종류의 해설가 자격인증제도를 운영 중이다. 일본의 경우에도 산림 인스트럭터(instructor) 제도를 통해 해설가의 자격을 인증하고 있다. 우리나라에서는 2005년부터 「산림문화 · 휴양에 관한 법률」이 시행되면서 산림문화 · 휴양 교육 해설 프로그램, 숲해설가 교육과정 및 숲길체험지도사 교육과정에 대한 인증제도를 통하여 산림문화 · 휴양 교육의 내실화를 도모하고 전문성 있는 숲해설가와 등산안내인을 양성하고 있다.

해설기법

　　해설기법은 주로 해설가 동반 해설기법(인적 해설기법)과 자기 안내 해설기법(비인적 해설기법)으로 구분할 수 있다. 이 두 가지 기법 중에서 보다 효과적이고 바람직한 해설기법은 해설가 동반 해설기법이라고 할 수 있다. 왜냐하면 해설가가 현장에서 방문객과 대화를 나눌 수 있고, 일정한 해설 프로그램을 가지고 해설을 수행할 수 있기 때문이다. 효과적인 해설가 동반 해설기법은 해설 프로그램의 진행에 있어 방문객의 오감을 적극적으로 활용하여 참여하게 하는 것이다. 루이스(Lewis, 1983)의 연구는 사람은 일반적으로 들은 것의 10%, 읽은 것의 30%를 기억하고, 본 것의 50%, 그리고 행한 것의 90%를 기억한다고 보고하였다.

　　해설가 동반 해설기법이 효과적이기는 하나, 이를 위해서는 많은 인적 자원이 필요하며 그들의 교육에 많은 비용이 들기 때문에 해설가 동반 해설기법만으로 해설을 담당하기에는 현실적으로 많은 어려움이 따른다. 그뿐만 아니라 모든 방문객이 해설가를 동반한 해설을 원하는 것이 아니라, 해설가 없이 자신들이 원하는 곳을 방문하려는 방문객들도 있다. 이러한 방문객들을 위해서는 자기 안내 해설기법이 제공되어야 한다. 이 기법은 해설가가 없는 상황에서 특수한 경관, 환경의 변화, 특이한 생물 등에 관하여 방문객 스스로 읽어보고 그 내용에 대하여 이해할 수 있도록 해설매체를 제공하는 것을 말한다.

1. 해설가 동반 해설기법(인적 해설기법)

해설가 동반 해설기법은 해설가가 현장에서 해설을 하거나 일정한 해설 프로그램을 가지고 상황을 재현해 보이는 등의 활동을 함으로써 방문객과 직접적으로 의사를 주고받는 기법이다. 이때 방문객과의 의사소통이 효과적으로 일어나기 위해서는 일정한 자격을 갖춘 해설가가 적절한 해설 대상지에서 효과적인 기법을 적용할 수 있어야 한다.

해설가 동반 해설기법으로는 다음과 같은 것들이 있다.

① 방문객센터에서의 해설기법: 방문객센터 내에서 간단한 유인물을 나누어주며 안내해주는 해설 서비스

② 이동식 해설기법: 해설가가 해설 대상지역을 옮겨 다니며 제공하는 해설 서비스

③ 거점식 해설기법: 방문객이 밀집되는 지점에 배치된 해설가가 슬

라이드 등의 매체를 이용하여 역사적인 정보를 재현 또는 제공하는 해설 서비스

이외에도 출입구, 캠프장, 사무실, 특별한 자원이 개발된 지점, 전망대 등에서 해설 서비스가 제공될 수 있다.

해설가 동반 해설기법에서 해설가는 담화, 재현 또는 동행 등을 해설의 수단으로 활용할 수 있다.

1) 담화(talk)

담화기법은 해설에서 가장 많이 이용되는 방법으로, 말이나 말을 대신하는 몸짓 등을 통해 방문객들을 이해시키고 또 일정한 반응을 유도해내는 것이다. 담화기법은 해설 대상을 이해하는 데 도움이 되는 정보를 정확하게 설명하는 것으로 방문객의 감수성 · 인식능력 · 이해능력 · 열광 · 참여 등을 유도해낸다. 담화는 방문객을 위해 메시지를 잘 전달하기에 편리한 해설 대상지라면 어디에서든지 이루어질 수 있다. 해설의 목적 달성을 위하여 담화기법을 사용할 때의 유의사항은 다음과 같다.

① 방문객을 읽어야 한다.

방문객이 무엇을 요구하고 있는가를 분석하는 것으로 공식, 비공식 담화를 통해 방문객과 접하는 동안 계속된다.

② 해설가는 해설이 이루어지는 내내 자신의 좋은 이미지를 유지해야 한다.

방문객은 해설가가 주는 이미지에 따라 해설에 대하여 다른 반응을 하게 된다. 해설가가 단정한 용모, 정중한 자세를 갖추고 있으면 좋은 이미지 형성에 도움이 된다.

③ 담화는 잘 구성된 골격을 갖추어야 한다.

해설의 내용을 암기하여 기계적으로 외워 나가거나 메모카드의 이용은 효과적인 기법이 아니다. 해설내용의 중요 부분을 충분히 이해하고 있으면서 담화의 전 단계, 준비 단계, 담화 단계의 3단계로 접근하는 것이 효과적이다.

- 담화 전 단계: 해설에 필요한 설비를 점검하고 간단한 기능을 테스트해보고 도착하는 방문객들을 맞으면서 간단하고 부담 없는 대화를 주고받이 관심을 유발한다. 깜짝 놀라게 하는 것, 유머러스한 것, 과장된 몸짓 등으로 청중을 자극하고 사로잡을 수 있다.

- 준비 단계: 방문객이 모이면 인사와 함께 자신의 이름을 알려주고 간단한 소개를 한다. 준비단계에서는 자극적인 질문과 같은 방법으로 주제에 대한 방문객들의 주의를 끌어내어 해설 프로그램에 방문객 참여를 유도한다.

- 담화 단계: 담화 시에는 적절한 복장과 빈틈없는 자세를 취하고 해설할 주제의 내용이 무엇인가를 알려주고 해설을 시작한다. 담화는 주제를 현실감 있게 만들어주며 호소력을 가진다. 본론에서는 비교와 대조, 은유, 스토리텔링, 재현 등의 주제를 설명하는 다양한 방법을 동원해도 좋다. 마지막에는 이야기한 내용을 간략히 정리하면서 마무리하여 주제를 요약할 수 있도록 유도한다.

목소리와 언어구사, 몸짓언어 등이 담화의 완성 정도를 높이는 데 주요한 역할을 한다.

2) 재현(demonstrations)

전달하려는 주제를 보다 잘 인식시키기 위한 방법으로 대상지역의 특성, 즉 역사적 시기, 생활, 사건들을 재현해 보이는 것이다. 재현기법은 역사를 재조명하거나 자연 생태계를 설명하기 위해 시대와 상황에 맞는 캐릭터를 실제 창조하여 연출하는 경우와 모형을 만들어 제시하는 방법이 많이 이용된다. 재현을 위한 준비에는 많은 시간과 물품, 그리고 재현이 능숙한 사람의 모집 및 교육 등의 어려움이 있다.

3) 동행(walk)

동행은 해설가가 방문객과 함께 걸으며 해설하는 고전적 방법이다. 동행은 방문객이 직접 경험하면서 궁금한 사항을 해설가에게 물어볼 수 있기 때문에 가장 흥미로운 방법이다. 이 방법은 대규모 박물관이나 함께 이동이 용이한 야외 경관 해설 시, 소규모 그룹의 경우에 적용 가능하다(예: 사찰경내 해설 등).

동행기법을 사용할 때 유의해야 할 사항은 다음과 같다.

① 해설가가 먼저 도착해야 한다.
② 정시에 시작해야 한다.
③ 해설할 내용의 개요를 주지시켜야 한다.
④ 상황에 따라 해설시간을 조정해야 한다.
⑤ 마무리를 분명히 하여야 한다.

<그림 2> 해설가 동반 해설

2. 자기 안내 해설기법(비인적 해설기법)

해설가가 없는 안내기법으로 특별한 경관, 환경변화, 특이한 생물 등에 대해 방문객 스스로 읽어보고 그 내용을 이해할 수 있도록 고안된 해설 프로그램이다. 자기 안내 해설 프로그램은 유인물이나 해설 표지판 등을 매체로 이용한다.

해설을 필요로 하는 특별한 지점에 해설 표지판을 설치하며, 해설 안내 책자는 원거리 이동 시 제공되므로 방문객에게 유용한 정보를 제공하는 수단이 된다. 해설 표지판은 방문객의 불편을 최소화하기 위해 기본적인 정보를 제공하는 정보제공용 · 교육용 · 경고용 등이 있다.

이러한 매체들은 간단명료하며 쉽게 이해할 수 있는 내용으로 구성되어야 한다. 해설 안내 책자는 단순하게 편성되어야 효과적인데, 이것은 방문객이 탐방을 하는 동안 책자를 주의 깊게 읽기 어렵기 때문이다.

해설 안내 책자를 제작할 때 고려해야 할 사항은 다음과 같다.

① 전체적인 책자 디자인은 방문객들의 관심을 끌 수 있어야 한다.
② 겉표지의 제목은 주제를 잘 표현하는 것이어야 한다.
③ 알맞은 크기와 형태를 갖추어야 한다.
④ 내용은 간단하여야 하며 그림과 도형을 사용하고, 사실을 전달하기 위해 개인의 편견이나 가치판단을 배제해야 한다.

자기 안내 해설이 이루어지는 해설 대상지는 다음과 같다.

① 방문객센터(visitor centers)
② 자기 안내 등반로(self-guiding interpretive trails)
  • 안내용 팸플릿과 푯말이 있는 등반로(the leaflet and marker trail)
  • 해설 표지판이 있는 등반로(sign-in-piece trail)
  • 키오스크 또는 길옆 전시(kiosk or wayside exhibits)
  • 해설 표시물(signs and display)
  • 팸플릿이나 소책자, 간단한 안내물 등의 인쇄물(publication)
③ 자동차 경관도로
  경관이 아름다운 도로상의 조망점에서 이루어지는 해설

- 해설 표지판

- 소책자(brochure)

- 지도(map tear sheet)

④ 수중해설

카누탐방로, 보트탐방로, 수중탐방로 등 수중 환경 등 수중 환경

해설 시 육상진입로/해상 위에 위치

- 해설 표지판

- 소책자(brochure)

- 지도(map tear sheet)

- 부표

3. 전자장치를 이용한 기법

전자장치를 이용한 해설기법은 최근 통신기기의 발전과 함께 해설 프로그램을 전달할 수 있는 효과적인 방법이다. 스마트폰의 웹 해설 프로그램을 이용하여 방문객이 원하는 정보를 검색하고 활용하는 방법으로 방문객들이 필요에 따라 다양한 정보를 손쉽게 얻을 수 있는 편리성이 이 기법의 장점이다.

원거리 해설 대상지의 경우 라디오를 많이 사용하고 있으며, 근거리의 경우 스마트폰, mp3플레이어, 마이크가 달린 헤드폰, 전자전시판, 교육용 TV, 멀티미디어 시스템, 무인정보안내소(Touch screen) 등의 매체를 사용할 수 있다.

특별한 장치들로는 방문객이 이동 시 이용할 수 있는 테이프, 한 지점에서 다른 지점으로 이동해야 할 경우 또는 새로운 메시지를 제공해야 할 경우에는 mp3플레이어와 라디오 방송, 해설 안내소의 시청각 시설을 이용한 슬라이드, 비디오 또는 DVD 상영 등이 있다.

전자장치를 이용한 해설기법의 장점과 단점은 다음과 같다.

① 장점

- 인쇄물이나 해설 표지판보다 미적·시각적 폐해가 적다.

- 방문자들이 전시물, 축소모형, 풍경 등에 시선을 집중시킬 수 있다.

- 인쇄물보다 더 긴 시간 주의를 집중시킬 수 있다.

- 소리의 크기나 장치의 모양을 다양하게 할 수 있다.

- 자주 반복해야 하는 경우 다른 기법보다 효과적이다.

- 여러 가지 언어를 준비해 두면 다양한 언어를 사용하는 방문자들이 선택할 수 있어 편리하다.

- 음향효과를 잘 내게 하여 상황 재현과 유사한 효과를 낼 수 있다.

② 단점

- 이동통신 / 스마트 기기의 경우 통신망 밖에서는 사용이 어렵다.

- 기계이기 때문에 고장이 날 수 있으므로 정기적인 보수를 하거나 예비품을 만들어두어야 한다.

- 전기 또는 건전지를 이용해야 하기 때문에 이러한 설비가 없는 야외에서는 사용할 수 없다.

숲 해설 워크북

방문객센터

방문객센터는 해당 자원 혹은 전시물에 대한 방문객의 경험을 풍부하게 해주는 각종 안내물을 구비하고 해설하며 체험활동을 할 수 있도록 준비된 공간이다.

<그림 3> 주남저수지 방문객센터

1. 방문객센터의 입지

방문객센터는 교육목적상 방문지점에 두는 것이 바람직하다. 예를 들어 국립수목원의 경우, 수목원 입구, 또는 야외 교육장의 옥외시설과의 연계를 통하여 방문객의 동선을 최소화하는 것도 중요하다.

2. 시설

방문객센터는 방문객이 대상지에서 해설 프로그램을 처음 접하게 되는 공간이다. 방문객들이 방문객센터에서 받은 인상이 이후에 하게 될 경험의 기대에 영향을 미치기 때문에 방문객센터의 시설과 공간배치 등에는 각별히 신경을 써야 한다.

방문객센터의 전시 공간과 관리 공간은 동선 분리가 이루어져야 한다. 방문객센터의 해설 매체로서 자기 해설 등산로, 옆길 전시, 소책자, 조망점에서의 해설 등을 지역적 여건에 맞추어 방문객센터와 함께 조성하여야 한다. 지역적 특성 및 여건에 따라 몇 개의 방문객센터 분소를 조성할 수도 있을 것이다.

방문객센터가 갖추어야 할 시설에는 입구 또는 로비, 안내데스크, 관리실, 기자재실, 전시 공간, 기념품 판매 공간, 영상실, 야외 학습을 위한 공간 및 해설 대상지, 주차 공간, 피크닉 공간, 화장실, 쓰레기 수집시설, 서고, 단체를 위한 회의 공간 등이 있다. 이러한 시설은 방문객센터의 규모, 예산 등의 상황에 따라 적합하게 다르게 설치할 수 있다.

숲 해설 워크북

3. 규모

방문객센터는 크게 관리 및 행정공간을 포함하는 총면적과 전시 공간 등의 기능만을 포용하는 순 면적으로 구분될 수 있다.

관리 및 행정 공간이란 해당 휴양지 및 방문객센터의 유지관리에 필요한 관리실, 화장실, 창고 등이다. 즉, 전시 공간 외에 관리의 일상성에 필요한 공간으로서 방문객의 규모와 관리지침에 따른 일반적인 건축규모를 일컫는다.

전시 공간 등 방문객의 순 면적은 방문객에게 제공되는 서비스의 내용과 질에 따라 결정된다. 일반적으로 방문객의 수요에 따라서 전시 공간의 규모가 설정될 수 있으나, 이용형테기 계절적인 요인, 예를 들어 계절적으로 레저 수요가 달라지기 때문에 전시 공간의 규모를 설정하기는 대단히 어려운 일이다. 이와 더불어 관리 및 사업계획의 특성도 방문객센터의 규모 결정에 영향을 미치는 요인이다.

4. 전시 공간의 배치 및 기법

전시 공간의 계획은 방문객센터의 목적과 이용자의 편의성, 관리 등에 초점을 맞추어 이루어져야 한다. 전시의 주제가 결정되면 주제에 연관된 소주제를 선정하여 전시공간을 배분하게 된다. 예를 들어, 소주제가 3가지일 경우에 소주제의 비중에 따라 전시 공간의 면적을 제1 소주제에 60%, 제2 소주제에 30%, 그리고 제3 소주제에 10%를 할당하는 것과 같이 소주제별 가중치를 두는 것이 좋다. 이때 전시 공간에 배치할 매체는 각 소주제의 설정목표에 따라 적절하게 선택해야 한다.

방문객센터에서 활용할 수 있는 전시기법과 매체에는 다음과 같은 것들이 있다.

① 패널(Panel)

② 대화식 패널(Interactive panel: Lift ups, put hands on)

③ 자기 안내 팸플릿(Self-guided brochure)

④ 자기 안내 카세트(Self-guided cassette)

⑤ 안내자 동반 관람(Live or Guided tour)

⑥ 음성패널(Audio panel)

⑦ 복제품(Replicas-made with fiberglass)

⑧ 영상(Projection video)

⑨ 슬라이드(Slide show at theater)

⑩ 대화식 컴퓨터(Interactive computer) 등

다양한 전시기법과 매체의 선택은 전시목적과 예산에 따라 결정되어야 한다. 과학·기술이 빠르게 발달하고 있기 때문에 방문객센터뿐만 아니라 다른 해설 프로그램에서도 새롭게 소개되는 기법과 매체를 도입하려는 노력이 이루어져야 할 것이다.

5. 전시물의 공통요소

각 방문객센터의 전시 공간은 다양한 전시물을 갖추고 있지만, 여러 전시 공간에서 공통적으로 찾을 수 있는 전시물의 형태는 다음과 같다.

① 살아 있는 생물 또는 원형(Anything Alive or Objects)

② 복제품(Replicas)

③ 도시(圖示, Graphic Representation)

④ 구두(口頭) 묘사(Verbal Description)

전시 대상에 대한 여러 연구결과에 따르면, 방문객들은 살아 있는 생물 또는 원형에 가장 높은 관심을 보이며, 그다음은 복제품, 도시(圖示), 구두(口頭) 묘사의 순이라고 한다.

제2장
숲 해설 교육

　수풀의 준말인 숲은 나무(樹)와 풀을 뜻하나, 암반과 토양을 기반으로 하는 무기물 집단과 유기물 집단인 식물과 1, 2차 소비자인 동물 및 분해자의 완벽한 순환생태계를 총칭한다. 수십억 년 지구의 역사에서 식물이 육상 진출을 한 이후 숲이 만들어지기 시작한 것은 석탄기 끝 무렵인 2억 년 전이었다. 양서류와 파충류, 그리고 포유류의 진화와 육상에서의 서식 조건을 제공한 숲은 인간의 진화과정에서도 지대한 영향력을 행사하였다.

　이와 같은 과정에 대한 이해를 통해 숲과 인간, 그리고 모든 생물의 생물학적 속성이 숲과는 불가분의 관계를 가짐을 유추할 수 있다. 그러나 18세기 산업혁명 이후 산업자본주의의 팽배와 노동인구로 흡수된 도시인구의 비율이 증가하면서 숲은 단순히 산업 자원을 제공하는 장소로 전락하고 인간은 인공적 구조물 내에서 생활하는 삶을 주된 것으로 하여 공업 제품의 소비자로서 시간을 보내게 됨에 따라 숲과 인간의 본질적인 교감은 그 의미를 상실하게 되었다.

　그러나 숲은 여전히 산소 공장, 건강한 자원 제공 장소, 공기와 물의 정화기로 그 역할을 다하고 있으며 그 안의 유기물을 보듬고 키워내는 역할을 담당하고 있다.

　이러한 숲 본연의 모습과 인간을 관계 맺어주는 역할을 하는 사람이 숲해설가인데, 우리나라의 경우 1998년 IMF사태 이후 국민대학교 평생교육원 자연환경안내자 과정으로 숲해설가 교육이 최초로 시작되었다. 2007년 숲연구소는 산림청 숲해설가 교육과정 인증제도에 의해 최초의 숲해설가 인증교육기관으로 선정되었다.

최근에 입법화된 「산림교육의 활성화에 관한 법률」(2012년 7월 26일 시행)에 의하면 산림교육 전문가는 숲해설가·유아숲지도사·숲길체험지도사이고, 「산림문화·휴양에 관한 법률」 제11조 2항에는 산림치유지도사의 역할이 세부적으로 정해져 있다. 법에서 설명되는 분야별 용어들을 살펴보면 다음과 같다.

① 숲해설가: 국민이 산림문화·휴양에 관한 활동을 통하여 산림에 대한 지식을 습득하고 올바른 가치관을 가질 수 있도록 해설하거나 지도·교육하는 사람

② 유아숲지도사: 유아가 산림교육을 통하여 정서를 함양히고 전인적(全人的) 성장을 할 수 있도록 지도·교육하는 사람

③ 숲길체험지도사: 국민이 안전하고 쾌적하게 등산 또는 트레킹(길을 걸으면서 지역의 역사·문화를 체험하고 경관을 즐기며 건강을 증진하는 활동)을 할 수 있도록 해설하거나 지도·교육하는 사람

④ 산림치유지도사: 숲이 가지는 다양한 물리적 환경요소를 이해하고 이를 인간의 심신 치유에 활용할 수 있도록 지도·교육하는 사람

전 분야에서 숲해설가가 지녀야 할 공통적 덕목으로 숲과 사람에 대한 열정이 크며 숲의 생리적 현상을 낱낱이 확인하고 관찰하여 방문객의 속성에 따라 적절한 주제와 방법으로 숲을 인식하게 하는 것이 다. 이 과정에는 자기 안내 해설기법 담화, 관찰, 감각적 체험, 재현, 자기 안내 해설기법 등 다양한 해설기법이 동원될 수 있다.

숲 해설 기획에
상호작용 기술 적용하기

    해설이 이루어지는 환경에는 즉흥적 환경과 기획된 환경이 있다. 해설을 준비하는 데 있어서 이 두 가지 환경에 대한 대비가 필요하다. 해설가는 어떤 환경에서도 어려움 없이 참가자들과 상호작용을 할 수 있어야 한다. 따라서 예정된 해설 프로그램 외에도 현장에서 자유롭게 해설가와 소통한 사례 혹은 투어, 강의, 또는 시연과 같은 사전에 준비된 해설 프로그램 등에 대한 훈련이 필요하다. 다음은 숲 해설에서 적용할 수 있는 상호작용 기술들로, 해설의 환경 설정 의도에 따라 다양하게 응용할 수 있다.

1. 주제 · 메시지 토론하기

해설을 하고자 하는 해설 대상지나 사물에 대해 의사소통의 목표를 명확히 하는 것이 중요하다. 교육담당자는 해설 대상지, 사물에서 파악한 주제 · 메시지를 제시하고 교육생들과 토론한다. 교육생 그룹과 함께, 해설 대상지 또는 사물이 가지고 있는 메시지가 나타나야 할 영역을 찾아낸다.

- 주제에 따른 메시지가 갖고 있는 목표는 무엇인가?(학습 목표, 행동 목표, 감성 목표)
- 이 해설 대상지 또는 사물에 적합한 해설 기술과 정보는 무엇인가?
- 참가자와 관련된 주제인가?

이 연습 과제의 수행은 교육생들이 즉흥적 해설 활동의 기술과 내용을 학습하는 데 도움이 된다.

2. 메시지 기반 대화 시작하기

방문객과의 상호작용은 좋은 해설의 핵심요소이다. 즉흥적 해설은 특히 방문객과 자연스러운 대화를 통해 해설 서비스를 제공하기에 적합하다. 해설을 일상적 대화와 같은 방식으로 시작하는 데는 여러 방법이 있다.

- 해설을 통해 성취하고자 하는 것이 무엇인가?

- 특별한 말을 하지 않아도 방문객의 주의를 끄는 방법에는 무엇이 있나?

- 방문객의 태도 또는 행동을 어떻게 바꾸고자 하는가?

교구 사용, 몸동작, 그리고 좋은 질문은 방문객을 대화로 이끄는 데 도움이 될 수 있다. 첫 번째 단계는 어떻게 좋은 질문이 만들어지는지 확인하는 것이다. 그다음에는 각 해설 대상지 또는 사물에 대하여 대화를 시작할 질문을 만든다.

- 좋은 질문의 작성법을 안다는 것이 메시지 기반의 질문을 시작하는 데 어떻게 도움이 되는가?

- 질문 과정에서 특별히 주의할 점은 무엇인가?

- 방문객의 의견과 질문을 상호작용의 개별화와 지속을 위해 사용하는 방법은 무엇인가?

- 어떤 의견이 어렵거나 논쟁의 여지가 있는가? 방문객이 해설의 주제에 대하여 오해나 잘못된 편견을 가지고 있을 경우, 방문객과 대립하지 않고 오해나 편견을 다루는 방법은 무엇인가?

3. 해설 프로그램에 대화 포함하기

- 해설의 요소를 해설 프로그램에서 성공적으로 사용하는 방법은 무엇인가?

- 해설 프로그램을 진행하는 데 어려움은 무엇인가?

- 어려움을 극복하기 위해 해설 전략(교구·몸동작·질문)을 사용하는 방법에는 어떤 것이 있는가?

4. 전환의 기술

전환(diversion)은 지각 수준의 강화를 모색하는 수단으로 해설의 과정에서 활동과 입지를 변경한다든지 규칙과 역할을 변경함으로써 실행 가능하다. 전환은 놀이, 게임 등의 아주 약한 수준의 것에서부터 참선이나 명상 등 오랫동안의 연습이나 훈련을 통해 도달할 수 있는 수준의 것으로 구분되기도 하며 해설에서는 해설 환경과 방문객의 속성을 감안하여 적절한 수준 전환 기술을 가미할 수 있다.

예를 들면, 나무를 다르게 감상하는 방법을 제공한다든지, 방문객이 모르는 뿌리 성장의 신기성에 대해 언급한다든지 하여 방문객의 주의가 몰입되도록 하고 흥미를 느끼도록 하는 것이다.

이러한 전환의 기술은 특히 맥락과 맥락의 연결이나, 해설 대상지 간 이동 등에서 실행될 수 있는 '기획된 해설 경험'의 중요한 구성요소로 매우 유용하다.

5. 가치 추가하기

해설 시연이나 자원이 제시될 때마다 교육생들에게 교육에서 배운 것을 적용해보도록 요청한다.

- 숲에서 방문객들과 상호작용을 통해 흥미롭고 새로운 사실적 아이디어를 공유하는 방법은 무엇인가?
- 신체적 장애를 가진 숲 방문객에게 신중하게 적용할 수 있는 상호작용 기술은 무엇인가?

교육생에게 연습과제에 대한 자신들의 대답을 기록하도록 한다.

6. 평가

- 성공적인 해설이란 무엇인가?
- 어떻게 해설 프로그램이 성공했는지 알 수 있는가?

평가란 의도된 방향으로 해설 서비스 능력을 개선하고 해설 프로그램 내용과 해설 프로그램이 방문객에게 미치는 영향을 파악하고 분석하는 과정을 말한다.

해설의 평가는 해설 서비스 자체의 보완뿐만 아니라 관리 당국의 기능과 해설의 통일성을 위해, 즉 관리 당국의 시책과의 조화를 위해서 필요하다. 해설 자체 문제점 보완 및 기술 향상을 위한 환류는 물론 당국의 비용 대비 효과성(cost-effectiveness) 입증, 그 필요성과 예산 확보 연계, 관리 당국의 임무와의 내용적 균형을 위해 해설 평가는 필수적이다.

평가의 종류는 해설 프로그램 계획 평가, 해설 프로그램 모니터링 평가, 경제적 효율성 평가, 영향 평가 등으로 구분할 수 있다.

이를 위해 교육담당자는 교육생들의 기술을 향상시키고 다양한 방법으로 교육생을 지원하기 위하여 해설가 평가 도구를 공유하고 토론한다. 교육생들로 하여금 평가를 통하여 해설의 질을 향상시킬 수 있도록 교육 평가 양식을 작성하도록 한다. 평가 양식을 분배하고 전 교육 기간을 평가하도록 한다.

즉흥적 해설에서의 적용:
방문객들과의 비형식적인 대화

　　즉흥적 해설은 해설가(직원이나 자원봉사자)가 방문객들과 즉흥적인 의사교환을 할 때 일어난다. 이때의 상호작용은 계획된 해설 프로그램이 아니고, 반드시 대화를 오래 지속할 필요가 있는 것도 아니다. 대화는 해설가가 먼저 시작할 수도 있고 방문객이 먼저 시작할 수도 있다. 그러나 이 상호작용은 해설가에게 해설 대상지의 임무와 메시지에 대한 새로운 아이디어나 정보를 방문객과 공유할 특별한 기회를 제공한다. 즉흥적 해설은 아주 강력한 도구가 될 수 있다. 그러기 위해서 해설가는 어떻게 방문객들의 관심을 끌고, 어떻게 대화에 참여하도록 초대하며, 어떻게 개인적 차원에서 개개인과 연관될 기회를 잡을 수 있는지 알아야 한다.

<참고 1> 기획된 해설과 즉흥적 해설의 특징

기획된 해설	즉흥적 해설
• 참여에 대한 헌신과 기대가 높음	• 참여에 대한 헌신과 기대가 낮음
• 해설 프로그램이 예정된 시간에 시작	• 상호작용의 기회가 있을 때 시작
• 시간 준수 필요	• 이용 가능한 어느 시간에라도 효율적
• 시작, 중간, 끝이 있음	• 아무 때라도 참여 가능
• 좀 더 형식적인 접근법 허용	• 비형식적인 접근법이나 이상적인 상호작용
• 좀 더 복잡하고, 단계적이거나 순차적인 정보 전달	• 빠른 소개, 빠른 메시지, 빠른 최종 생각

교육생은 해설 대상지 또는 사물, 전시물 등에 대한 주제·메시지를 보여줄 대화를 어떻게 시작할지 배우게 될 것이다. 메시지 기빈 대화의 즉흥적 특성은 대화 자체를 좀 더 개별화된 상호작용과 긍정적인 방문객 경험으로 이끌어준다. 이런 대화는 상호작용이 대상지 또는 전시물과 함께 일어날 때 큰 영향력을 가진다. 교육 담당자는 대화가 훌륭한 교육 도구이기는 하지만, 모든 방문객으로 하여금 학습 대화에 참여히도록 강요헤서는 안 된다는 것을 인시해아 한다. 대화에 참여하지 않고 대화적인 해설을 듣는 것만으로도 방문객들은 잠재적으로 학습할 수 있는 것이다.

교육생들이 즉흥적 해설 기술을 이해하도록 돕기 위해서는 기획된 해설과 즉흥적 해설의 차이를 강조해야 한다(〈참고 1〉).

기획된 해설은 정해진 시간제한에 의해 미리 계획되고 통제된다. 기획된 해설은 다양한 수준의 정보를 포함한 프레젠테이션 개요를 사용

숲 해설 교육

하고, 상호작용이 어디서 일어날 것인지 결정한다.

즉흥적 해설은 즉흥적이고, 방문객의 일정이 허락하는 한 지속될 수 있다. 그러나 그때그때 눈에 띄는 근처의 해설지원을 활용하기 때문에 주제 강조가 충실하지 못한 단점이 있다. 각 해설의 대상지는 즉흥적 해설이 일어날 수 있는 해설 대상지를 선정하여 그곳에 해설가를 배치함으로써 학습 대화가 활발하게 일어날 수 있도록 할 수도 있을 것이다.

기획된 해설과 즉흥적 해설은 모두 주제·메시지를 가지고 있을 때 더욱 성공할 가능성이 높다. 해설 프로그램과 마찬가지로 비형식적 해설의 기획은 아이디어로 시작해야 한다. 이 아이디어는 미리 계획된 주제·메시지에 기반을 둔 상호작용의 시작에 관한 것이다. 〈참고 2〉는 다른 사람이 만들어낸 주제·메시지라고 할지라도 교육생들이 그 주제·메시지의 가치를 이해할 수 있도록 주제·메시지를 설명해준다.

교육 담당자는 교육생들에게 각 해설 대상 자원에서 확인한 주제·메시지를 상기하도록 한다.

<참고 2> 주제·메시지 정의하기

- **주제:** "큰 아이디어"로 해설가가 방문객이 학습하기를 원하는 것, "그래서?"라는 질문에 대한 대답이다.
- **메시지:** 뒷받침하는 증거를 통해 주제를 설명하는 학습 아이디어나 목표. 메시지는 아이디어에 초점을 맞춘다!

숲 해설 워크북

주의사항: 이 연습은 개발 중인 해설 대상지의 해설계획 과정에 활용되도록 고안되었으나 해설하고자 하는 해설 대상지 또는 사물에 대해서도 적용할 수 있다.

해설 대상 / 전시물:

의사소통을 위한 주제("큰 아이디어"):

- 이 해설 대상/전시물에서 받은 첫인상은 무엇이었는가?

- 방문객의 가장 큰 관심사는 어디서 일어나는가(그리고 이유는)?

- 가장 많이 이야기되어야 하는 것은 무엇이며, 이야기되어야 하는 해설 대상지는 어디인가?

- 이 해설 대상에 여과되거나 가장 많은 관심을 가질 것 같은 사람은 누구인가?

- (관찰되고 우연히 듣게 된) 이 해설 대상/전시물을 해설하는 데 있어서 어려움은 무엇인가?

- 이 해설 대상/전시물에 대한 대중의 인식(기대감, 오해 등)에는 어떤 것이 있는가?

- 해설 대상/전시물과 관련이 있는 보편적인 의미는 무엇인가?

해설가를 위한 해설 프로그램(역할) 리스트를 작성할 것

해설가는 종종 특별한 해설 대상지에 배정되기 때문에, 교육생들은 아이디어와 사물에서 받은 인상을 모으고 해설에 중점이 되는 정보를 수집하기 위해 그러한 해설 대상지를 방문하는 것이 도움이 될 것이다. 이 활동을 하는 동안, 자원 조사를 강화하는 해설대상/전시물 조사 〈연습 1〉을 활용한다.

그다음 단계로 교육생들에게 메시지 기반의 대화를 시작하는 아이디어를 생각해내도록 한다. 〈연습 2〉에 강조된 것처럼, 이러한 아이디어는 자극적인 질문하기, 동작 사용하기, 메시지와 연관된 교구 사용하기를 포함한다.

<연습 2> 메시지 기반 대화 시작하기

개인적 해설은 방문객들과의 즉흥적 대화와 상호작용을 시작할 수 있는 특별한 기회를 제공할 뿐만 아니라 중요한 정보를 전달하기도 한다.
다음에 나오는 연습문제는 교구를 선택하고, 몸동작을 결정하며, 상호작용에 촉매가 될 수 있는 질문을 만드는 데 도움이 될 것이다.

A. 교육생들에게 어디서 상호작용이 일어나길 원하거나 일어날 것이라고 예상되는지를 결정하는 것으로 시작한다.
B. 상호작용이 일어나게 될 지역, 해설 대상/전시물의 주제("큰 아이디어")와 메시지(중요한 뒷받침 아이디어)를 쓰도록 한다.
C. 주제나 메시지를 설명하기 위해 사용될 수 있고 관심과 주의를 끌 수 있는 교구 사용에 대해 브레인스토밍 하도록 한다.
D. 주제나 메시지에 대한 대화를 시작하기 위해 사용 가능한 몸동작에 대해 브레인스토밍 하도록 한다.
E. 효과적인 질문을 만들기 위해, 다음을 검토하고 p.57의 내용을 작성해 보도록 한다.

위치/ 전시품:

주제:

메시지 1:

교구: _______________________   몸동작: _______________________

_______________________   _______________________

_______________________   _______________________

메시지 2:

교구: _______________________   몸동작: _______________________

_______________________   _______________________

_______________________   _______________________

메시지 2:

교구: _______________________   몸동작: _______________________

_______________________   _______________________

_______________________   _______________________

〈참고 3〉은 좋은 질문에 대한 기본적인 요소를 제시해준다. 방문객이 단순히 "예" 또는 "아니오"로 대답하게 되는 질문은 해설가와의 상호작용을 제한한다. 좋은 질문은 방문객이 틀리는 것에 대한 두려움 없이 대답할 수 있는 질문이다. 해설가가 질문할 때에는 방문객이 부정적인 경험을 할 수 있는 단어를 사용하지 않아야 한다. 예를 들어, 해설가는 "화가가 우리에게 무엇을 보여주고자 하는 걸까요?"나 "역사에 대한 우리의 이해가 선조들의 기록이 없을 때와 어떻게 차이가 날까요?"와 같은 질문을 할 수 있다. 좋은 질문은 사람들로 하여금 자신의 개인적 경험에 대해 생각하고 새로운 아이디어를 도출하도록 도와준다.

<참고 3> 좋은 질문의 예

- 좋은 질문은 "예" 또는 "아니오"로 대답하는 것이 아니다.
  자유로운 답변이 가능한 질문이어야 한다.

- 좋은 질문은 "옳은" 또는 "그른" 답이란 것을 갖지 않는다.
  단정적인 단어가 아니라 "~라고 생각한다", "~일지도 모른다" 등의 한정하는 단어를 사용하는 것이 좋다.

- 좋은 질문은 방문객 의견에 관련되거나 주제나 메시지에 관련된 생각을 끌어낸다.

  질문할 때에는 목적에 부합된 질문을 해야 하며, 질문이 계속되지 않도록 유의해야 한다.

- 좋은 질문은 방문객들이 아이디어나 이전 경험을 기억해내고 처리하거나 응용할 수 있도록 의도하는 질문이다.

  방문객들의 개인적 경험에 대해 질문하는 것이 좋다.

  좋은 질문에 반드시 정답이 있는 것은 아니다!

〈연습 3〉은 방문객들이 정보를 회상하고, 처리하고, 적용시키는 과정을 돕는 질문 유형을 학습하도록 고안한 것이다. 해설가는 이러한 질문을 적절히 사용함으로써 방문객들이 집중하고 사고할 수 있도록 유도해야 한다.

<연습 3> 질문 확인하기

다음에 나오는 예를 보고 각 질문의 유형을 찾을 것

- 기억해내기(R: Recall): 질문이 방문객에게 기억해내고, 확인하거나 열거하기를 요구하는 경우
- 처리하기(P: Process): 질문이 방문객에게 데이터를 처리하고, 분석하거나 비교하도록 요구히는 경우
- 적용하기(A: Application): 질문이 방문객에게 적용하고, 예측하거나 가설 세우기를 요구하는 경우

질문 도구상자

기억해내기(R)	처리하기(P)	적용하기(A)
계산하기	분석하기	예시 찾기
묘사하기	분류하기	가설화하기/ 예측하기
확인하기	비교하기	발명하기
리스트 작성하기	대조하기	일반화하기
맞추기	유추하기(x가 y와 어떻게 같은가)	상상하기
관찰하기	정리하기	원칙 적용하기

유형	해설가의 질문
1.	이 사진의 배경에서 보이는 가정용 물품은 무엇입니까?
2.	이 풍경이 2050년에는 어떻게 보일까요?
3.	이 조각품에서 얼마나 많은 다른 재활용 재료가 보입니까?
4.	약 200년 전 이곳에 사람들이 살았다는 증거는 무엇일까요?
5.	이 그림에서 사람들이 무엇을 하고 있는 것일까요?
6.	이 물건이 100년 전 사람들에게 어떻게 사용되었을까요?
7.	수정과 다이아몬드는 어떻게 다를까요?
8.	주변에서 마지막으로 쌍꼬리 부전나비를 본 것은 언제입니까?
9.	(해설 대상)이 없다면 우리의 삶이 어떻게 달라질 것이라 생각하십니까?
10.	이 그림에서 일어나고 있는 일을 들을 수 있다면, 그 소리는 어떨까요?
11.	습지는 어떻게 스펀지와 같을까요?
12.	1890년에 이곳에 살던 사람들은 오늘날의 사람들과 얼마나 다르게 옷을 입었을까요?

〈연습 4〉는 교육생들이 메시지 기반의 상호작용이나 대화를 시작할 수 있는 질문 작성법을 학습하도록 고안된 것이다. 효율적인 질문을 만들어내서 사용할 수 있는 해설가는 방문객과의 의사소통을 원할하게 하고 그들을 쉽게 사로잡을 수 있을 것이다. 교육 담당자는 교육생들 각자가 자신만의 "좋은 질문" 항목들을 개발하도록 한 다음 서로 공유하도록 해야 한다.

사실을 기억해내고, 데이터를 처리하여 아이디어를 적용할 수 있는 질문을 받은 방문객들은 질문에 단순히 "예" 또는 "아니오"라고 답하는 방문객들보다 자신들의 경험에서 그 질문에 대한 답의 의미를 더 잘 도출해낸다. 상호작용이 이루어지는 성공적인 해설을 위한 계획은 의미 있는 질문을 만들어내는 것을 포함한다.

다음의 연습문제는 메시지 기반의 상호작용이나 대화를 시작할 질문을 계획하는 데 도움을 줄 것이다.

A. 활동을 하는 동안 참조 사항으로 아래에 지정된 항목 안에 희망하는 해설 대상지나 사물의 주제·메시지를 기록할 것
B. 그 메시지와 관련된 대화를 시작할 때 사용할 질문을 만들 것
C. 방문객들이 아이디어를 기억해내고(R), 처리하여(P), 적용하도록(A) 할 것인지 나타낼 것

이 세 가지 모두를 조합할 수도 있다.

주제:

R/P/A

메시지 1:

1.
2.
3.

메시지 2:

    1.

    2.

    3.

메시지 3:

    1.

    2.

    3.

일단 방문객의 관심이 유발되면, 그 사람이 대화에 계속 참여하도록 하는 것이 중요하다. 지속적인 질문, 교구 그리고 몸동작의 활용이 도움이 되는 동안, 해설가는 또한 진지한 경청자가 되어야 한다. 일련의 해설(《연습문제 1》)은 교육생들의 의견을 해설 프로그램에 통합하는 것이 가능하도록 고안된 것이다. 이 연습에서 교육생들은 해설가와 방문객의 역할을 수행해보아야 한다. 이 연습을 통하여 "해설가"는 "방문객"의 질문에 대한 의견을 해설 프로그램에 통합시키는 방법을 배우게 될 것이다. 방문객의 의견이 정확한가, 아닌가는 이 연습에서 그다지 중요하지 않다. 이 연습은 개별화된 경험을 만들어낼 뿐 아니라, 방문객이 해설 프로그램에 계속 참여하도록 만들어준다.

재현이 끝나면 교육 담당자는 일련의 해설을 지속하면서, "까다로운 방문객"의 반응을 다루는 전략에 대해 논의한다. 예를 들어, "지구 온난화는 결코 일어나지 않았다"와 같은 방문객 의견은 즉시 다루는 것이 중요하다. 이때 공격적인 태도를 피하고, 공손하게 응해야 한다. 즉, "좋은 의견 감사드립니다. 그런데 많은 기상학자들이 지구온난화를 뒷받침할 만한 사실적 근거(전하고 싶은 사실)를 찾기 위해 상당한 조사를 해왔습니다"와 같이 말하는 것이다. 이때 해설가는 학자나 전문가를 명시하여 사실적 근거를 뒷받침할 수도 있을 것이다. 방문객이 "우리나라에 호랑이가 아직 살아 있습니다"와 같은 다소 심각하지 않은 의견을 제시하는 경우에도 해설가는 그 논평을 지나치지 말고 다루어야 한다. 교육 담당자는 교육생들에게 어려운 방문객의 의견을 다룰 다른 예시나 제안이 있는지 찾아내 보도록 한다.

교육 담당자는 적절한 기회를 잡아 동료들이나 주어진 주제와 관련된 전문가와 함께 자주 발생하는 오해와 부정확한 진술에 대해 논의하고 "그 주제에 대한 공식적인 견해"를 개발해야 한다. 예를 들어, 어떤 해설 대상지에서 방문객이 종종 자연 복원 활동에 대해 기관의 입장과 의견을 달리하곤 하는 일이 있었디. 그 해설 관련 직원은 해설 대상지의 공식적인 입장을 제시하기 위해 관련분야 해설 대상지 연구사에게 의뢰하여 자연복원을 위해 해설 대상지가 사용하는 방법이 현대 과학적 조사에 기반을 둔 것임을 확인하였다. 이렇게 하여 해설가는 더 이상 해설 대상지의 공식적 입장을 '변호'하는 것이 아니라 이에 대한 증거를 제시할 수 있었던 것이다.

이러한 접근 방법을 사용함으로써, 해설가는 어느 해설 대상지에서든 메시지 기반의 즉흥적 해설을 수행할 수 있다. 숲 해설가, 자연 해설가, 문화 유산 해설가 등 다양한 해설 담당 전문가들은 방문객들과의 상호작용에 있어 이 기술을 사용할 수 있다. 즉흥적 해설에 익숙해지는 데는 시간이 걸리지만, 그것은 방문객들에게 메시지를 전달하는 가치 있는 도구가 된다. 특히 좀 더 기획된 해설 프로그램에 참여할 생각이 없는 방문객들에게 유용하다.

<연습문제 1> 해설 실습

목표

이 상호작용 연습은 해설가가 방문객들의 의견을 해설 프로그램에 통합하는 데 도움을 주기 위해 고안된 것이다. 이 연습에서 얻게 되는 정보들은 방문객의 관심사와 지식을 해설 대상지에 대한 교육 목표와 결합시키는 데 유용하게 사용될 수 있다.

진행 방법

① 해설가들을 세 명씩 짝지어 그룹으로 나눈 다음 역할극을 하도록 한다. 한 사람은 해설가 그리고 다른 두 사람은 방문객의 역할을 수행한다.

② 방문객의 역할을 맡은 사람들은 활동의 초점이 될 대상지의 사물을 관람하도록 한다. 이때 관람하는 사물은 무작위로 고른 장난감이 될 수도 있고 교육생의 선택에 따라 상상 속의 그 어떤 것이 될 수도 있다.

③ 사물에 대해 방문객의 역할을 맡은 한 사람이 또 다른 한 명의 방문객에게 의견을 제시한다(개인적 기억, 관찰, 또는 비교).

④ 다른 방문객은 상대방의 의견에 대해 답을 한다.

⑤ 해설가는 방문객들의 의견을 해설로 통합시킴으로써 방문객들을 해설로 끌어들인다.

교육 담당자가 해야 할 일

① 이 연습의 목표는 방문객 의견을 해설에 통합시키는 연습이라는 것을 주지시킨다.

② 교육생들을 위해 연습 시범을 보인다.

③ 연습의 목표를 명백히 하기 위해 질문을 한다. 대상에 대한 사실은 방문객 의견을 듣고 통합시키는 과정만큼 중요하지 않다.

④ 교육생들을 세 명씩 묶어 그룹으로 나눈다.

⑤ 각 그룹에 다른 대상, 활동을 부여한다. 필요한 경우 가 그룹에 다른 해설 대상지 또는 전시물 구역을 배당한다.

⑥ 그룹들에게 역할을 확인하도록 하고, 연습 도중 역할을 바꾸도록 한다.

⑦ 그룹들이 성공적인 연습 수행 여부와 연습에서 경험하게 된 문제들을 점검하도록 모니터링 한다.

⑧ 성공적으로 연습을 수행한 그룹은 다른 교육생들에게 시연을 보이도록 한다.

⑨ 교육생들의 질문에 답하고, 예를 들어가며 연습의 목표를 요약하면서 연습을 마무리한다.

기획된 해설에서의 적용:
청중 사로잡기

이 장은 양질의 해설 프로그램을 만드는 방법에 관한 내용으로 구성되었다. 이 장에서 다루는 내용은 앞서 배웠던 상호작용 기술적용하기와 즉흥적 해설의 내용과 관련되어 있다. 이 장을 학습함으로써 대화의 개념, 상호작용의 개념, 즉흥적 해설 부분에서 논의되었던 조사의 개념을 통합함으로써 해설 프로그램을 개선하고 변화시킬 수 있는 능력을 기르게 될 것이다. 이 장을 학습하는 과정에서 교육 참여자는 이전에 자신이 선택했던 해설 프로그램에서 주제·메시지가 부족했다는 것을 발견하게 될지도 모른다. 그런 경우에는 본 장의 연습과제를 수행하기 전에 주제와 메시지를 다룬 상호작용 기술적용하기와 즉흥적 해설 단원으로 돌아가 그 내용을 다시 확인한 다음에 본 장의 연습과제를 수행하는 것이 좋다.

대화 요소를 새로운 해설 프로그램이나 진행 중인 해설 프로그램에 통합시키는 데는 시간이 걸릴 수 있다(〈연습문제 2〉를 볼 것). 그러나 그러한 노력은 방문객이 좀 더 긍정적인 경험을 할 수 있도록 하는 데 도움이 된다. 교육 담당자는 한 번에 하나의 해설 프로그램을 소개해야 하고, 그 해설 프로그램의 주제·메시지를 교육생과 함께 검토해야 한다. 그런 과정이 끝난 다음, 교육 담당자는 교육생과 함께 해설 프로그램이 수행되는 해설 대상지가 어떻게 주제·메시지와 연결되는지 논의하도록 해야 한다. 만약 선택된 해설 대상지가 주제·메시지와 연관되지 않는다면, 좀 더 적합한 환경을 찾아보아야 한다. 그다음 단계는 이 해설 프로그램에 연관된 해설의 A.R.T.를 검토하는 것이다. A.R.T.란 청중(A: Audience), 자원(R: Resources), 최고의 전달 기술(T: the best Techniques for delivery)을 의미한다.

〈연습문제 2〉 대화를 해설 프로그램에 통합하기

준비 사항 및 준비물
• 해설 프로그램을 진행하는 해설가(가급적이면 숙련된 해설가)

목표

이 연습은 해설 프로그램을 재검토하고 전달 과정에 상호작용이나 대화를 끌어들이는 방법을 찾아내기 위해 고안되었다.

교육 담당자가 해야 할 일

① 선택된 해설 프로그램의 세부사항(해설 프로그램 세부기록)을 적은 자료를 교육생들에게 배부한다(효과적인 해설 프로그램 세

부사항 요소를 참조할 것).

② 그룹으로 나누어 해설 프로그램의 주제 · 메시지를 검토하게 한다.

③ 해설 프로그램의 해설 대상지를 논의하고, 해설 대상지 · 주제 · 메시지 사이의 대상, 정보, 개념을 연결시키도록 한다.

④ 해설의 A.R.T.를 이용하여 해설 프로그램의 배경을 검토한다.

A: 청중의 성격을 검토하고 청중이 가질 수 있는 특별한 욕구나 쟁점사항에 대해 토론한다.

R: 다양한 자원(예: 초청강연, 비디오, 유인물, 책, 기타 조사 결과)를 통하여 해설 프로그램 내용을 학습할 기회를 제공한다.

T: 해설 프로그램을 전달하기 위한 기술들을 검토한다.

- 숙련된 해설가로 하여금 해설 프로그램 전체 또는 일부를 전달하도록 한다.

- 그룹으로 나뉘어 해설가가 시연한 해설 프로그램에서 주제 · 메시지가 명백하게 나타났는지 논의한다.

- 어떤 면이 잘 되었는지에 대하여 논의한다.

- 어떤 변화가 해설 프로그램을 좀 더 매력 있게 만들 수 있을 것인지에 대해 논의한다.

- <연습 1>을 검토하고 상호작용을 시작하거나 여러 아이디어를 연결시킬 수 있는 부가적인 교구나 몸동작에 대해 논의한다.

- <연습 3>을 검토하고 그룹에 메시지를 소개하는 질문을 작성하도록 한다.

- 전환의 개념을 소개하고 <참고 3>과 <참고 5>를 검토하고 논의한다.

- 모형 해설 프로그램에서 전환의 사용에 대해 논의한다. 교육생들에

숲 해설 워크북

게 해설 프로그램을 효과적으로 만드는 데 유용한 제안이나 예시를 제안하도록 한다.

- 투어 해설 프로그램인 경우에는 <연습 5>를 사용하여 전환에 대한 아이디어를 기록하도록 한다.
- 자원봉사자들에게 연습 도중 사용된 새로운 기술을 적용하여 역할극을 하도록 요청한다.

⑤ 그룹으로 나누어 해설 프로그램 세부사항을 검토한다. 그리고 교육생들이 어떤 새로운 아이디어가 효과적인지 기록하도록 한다.

⑥ 교육생들이 다루게 될 모든 해설 프로그램에서 이 과정을 반복해야 한다.

⑦ 대화, 상호작용, 조사를 통합하기 위한 여러 가지 좋은 제안들을 반영하여 해설 프로그램 계획을 검토한다.

잠재적 청중에 대해 알려진 사항과 이 방문객들이 어떻게 해설을 전달하는 과정에서 사용된 내용과 기술에 영향을 줄 수 있을지에 대한 의견을 나누어본다. 그다음에는 교육생에게 프레젠테이션을 뒷받침하는 사실(자원)을 학습할 기회를 제공한다. 이는 교육 중에 제공되는 전문가의 강의, 비디오, 물적 자원 등을 활용하여 수행할 수 있다. 청중을 이해하는 것과 사용 가능한 자원에 대해 아는 것은 효과적인 해설 프로그램의 기본원칙이다. 교육생은 중요한 사실 전달 방법을 강화하는 활동(기술)을 통해 학습한 것을 적용할 수 있어야 한다. 경험이 풍부한 해설가에게 해설 프로그램 시연을 하도록 한 다음, 교육생들에게 무엇이 효과적이고 무엇을 개선해야 할지에 대해 논의할 기회를 제공한다.

교육생은 메시지 기반의 교구와 몸동작, <연습 6>에 대해 논의하기 위해 <연습 4>를 검토해볼 수 있다. 이는 대화, 상호작용, 조사를 위한 질문을 결정하기 위하여 필요한 과정이다.

전환의 사용은 기획된 해설 경험의 중요한 구성요소로 매우 유용한 기술이다. 전환은 프레젠테이션이 잠시 중단되었을 때, 새로운 아이디어가 소개되었을 때, 또는 투어 그룹이 한 해설 대상지에서 다른 해설 대상지로 이동할 때 해설가가 아이디어를 연결하는 것과 방문객이 지속적으로 참여하도록 하는 데 도움이 된다. <참고 4>는 전환의 역할이나 기능을 탐구하는 내용이다.

<참고 4> 전환의 역할

전환 활용의 역할은 다음과 같다.

- 다음에 보거나 듣게 될 것에 대한 기대감을 형성할 수 있다.
- 방문객의 (정신적 · 감각적) 참여를 끌어들인다.
- 여러 아이디어를 서로 연계시킨다.
- 그룹 활동 중 지시나 초점을 제공할 수 있다.
- 방문객이 자신의 경험과 지식을 적용시키도록 돕는다.
- 새로운 정보의 토대를 형성할 수 있다.

<참고 5>는 효과적인 전환의 특징을 열거한 것이다. 교육생은 해설 투어가 진행되는 동안 그룹이 이동할 때 아이디어를 연결하거나 생각에 집중하는 데 도움이 될 수도 있는 전환을 고안하는 데 <참고 5>를 사용할 수 있다.

숲 해설 워크북

• 투어 도중 다음 해설 대상지에서 잠시 멈추는 이유를 암시한다.

전환기술에 대하여 논의한 다음에, 연습은 새로운 기술이나 아이디어를 해설 프로그램의 일부에 통합하는 교육생들의 역할극 활동으로 마무리할 수 있을 것이다.

<참고 5> 전환의 특징

• 전환은 대상의 세부사항이 아닌 주제("큰 아이디어")와 관련이 있다.
　예: 두 식물은 번식을 위해 꽃가루 전달자인 곤충에 의존합니다. 꽃의 구조나 색의 차이가 곤충의 꽃가루 전달에 어떻게 영향을 줄까요?

• 전환은 방문객 의견을 포함한다.
　예: 사람들은 여러 방식 중 하나로 기념일을 기념할지도 모릅니다. 다른 나라에서 온 사람들은 어떻게 기념일을 기념하는지 알아봅시다.

• 몸동작이나 활동이 전환으로 사용될 수 있다.
　예: 다음 지역으로 이동하는 동안, 우리가 지나치게 되는 얼마나 많은 대상이 우리가 여기서 관찰한 같은 재료로 만들어졌는지 세어보십시오.

• 전환은 단지 한두 문장으로 가능하다.

• 전환은 질문, 유도된 상호작용 · 명령, 도발적인 진술, 요약, 유추를 사용한다.

주제:

해설 대상지: ___________________________________
주제: ___________________________________

전환:

해설 대상지: ___________________________________
주제: ___________________________________

전환:

해설 대상지: ___________________________________
주제: ___________________________________

전환:

해설 대상지: ___________________________________
주제: ___________________________________

가치 추가하기:
해설 시연을 위한 해설 기술 적용하기

해설교육과정이 진행되는 동안 해설분야의 전문가를 초청하여 방문객들과 공유할 수 있는 적절하고 정확한 사실의 중요성을 보여주는 프레젠테이션을 교육생들에게 제공한다. 실제로 이렇게 해당 영역의 전문가들을 만나고 그 전문가들의 프레젠테이션을 관찰할 수 있는 기회는 자원봉사 해설가가 기관에 참여하겠다는 결정을 하게 되는 주요 계기가 된다. 교육 담당자는 이러한 경험과 기회를 제공해야 할 뿐 아니라, 교육생들에게 그들이 학습한 해설 기술과 관련된 프레젠테이션에 적용할 수 있는지를 보여주어야 한다. 이러한 기회는 비디오, 사진 등을 통하여 학습한 내용에 포함되어 학습의 효과를 높일 수 있다.

예를 들어, 해설 교육 과정의 일부로 큐레이터들을 여러 번 초청하여 강의나 박물관 투어를 통해 그들의 지식을 교육생들에게 소개하도록 한다. 초청된 큐레이터들은 일반적으로 자신들이 겪은 일화들을 소개하게 되는데 이러한 경험들은 교육생들에게 유용한 정보가 된다. 교육 담당자는 프레젠테이션의 마무리 부분에서 교육생들이 듣거나 본 간접 경험들을 자신의 것으로 만들 수 있도록 하는 시간을 만들어야 한다. 사실을 방문객들의 생활 속에 연결시키는 전략을 결정하는 것은 암기된 일화를 반복하는 것보다 더욱 중요하다.

교육생들에게 라이브 교육 프레젠테이션의 일부로 새로운 내용 정보를 제공하게 되는 경우에는, 프레젠테이션의 마무리 부분에 20분 정도의 시간을 배정하여 〈연습문제 3〉의 과제를 수행하면서 토론하도록 한다. 새로운 정보 획득이 그룹 토론이 이루어지기 어려운 상황에서 일어나는 경우에는, 교육생들에게 〈연습문제 3〉을 작성하도록 권한다. 교육 과정이 끝나고 오랜 시간이 지난 후에도 이 연습은 해설가들이 새로운 사실의 처리 방법과 그 사실을 방문객들과 관련시키는 방법을 기억하는 데 도움을 줄 것이다.

〈연습문제 3〉 해설 기술을 해설 시연에 적용하기

준비 사항 및 준비물
- 칠판 1개, 마커
- 칠판이나 관련된 사물·전시품, 또는 해설 프로그램의 주제·메시지를 명시한 오버헤드(예: 역사 큐레이터의 프레젠테이션이 진행되는 동안의 역사박물관 주제·메시지)

목표

사물이 내용과 관련 있고 방문객들에게 의미 있도록 하기 위해 대화 해설 기술사용이 중요함을 보여주기 위한 것이다.

교육 담당자가 해야 할 일

① 그룹에게 다음과 같은 질문에 답변하도록 요청하고 모든 대답을 칠판에 기록한다.

- 전문가·자원이 제공했던 현존하는, 새로운, 설득력 있는 아이디어나 사실의 일부에는 어떤 것이 있는가?
- 그 아이디어가 당신의 관심을 끈 이유는 무엇인가?

② 칠판에 적힌 대답들 중에서 방문객들과 공유하기 적합한 아이디어에 동그라미를 친다. 그리고 난 후 주제·메시지와의 연관성에 대해 논의한다.

- 어느 아이디어가 방문객의 이해나 사물, 해설 프로그램 등에 대한 감상을 높일 수 있을 것인가?

③ 주제·메시지(사물, 해설 프로그램과 연관된 것)에 대한 각 아이디어를 검토하고 어느 메시지가 아이디어를 강화하는지 결정한다.

- 어떻게 새로운 아이디어·정보를 사물, 해설 프로그램 등의 주제·메시지에 연관시킬 수 있을 것인가? 또는 그것을 어떻게 설명할 수 있는가?

④ 그룹에 다음 질문에 대하여 수고하여 답을 찾아내도록 하고, 각자의 대답을 그룹과 공유하도록 한 후, 좋은 질문들을 찾는 방법에 대해 논의한다.

- 어떻게 이런 아이디어를 방문객들에게 의미 있는 것으로 만들 수 있는가?
- 어떻게 해설가들이 방문객들의 삶과 아이디어를 연계할 수 있을까?
- 각 아이디어의 보편적인 질은 무엇인가?
- 어떤 질문이 아이디어에 대한 메시지 기반 대화에 방문객 참여를 유

도하는가?

⑤ 그룹에게 유용한 교구를 제안하도록 요청하고 바람직한 새로운 교구를 획득할 수 있을 만한 방법들에 대해 이야기한다.

• 방문객들을 이런 아이디어와 관련시킬 수 있는 새로운 또는 현존하는 교구가 있는가?

⑥ 교육생들의 참여에 고마움을 표시하고 이 활동이 그들의 관심사를 효과적으로 공유할 수 있도록 하기 위해 고안되었다는 것을 상기시키는 것으로 교육을 마무리한다.

<연습 6> 해설 기술을 해설 시연에 적용하기

전문가/자원(비디오, 기사 등)의 이름: ___________________________

날짜/시간: ____

이 프레젠테이션은 다음과 관련이 있다: ___________________

해설 대상: _______________________________________

해설 프로그램: _____________________________________

• 전문가/자원이 제공했던 아이디어들 중에서 흥미롭거나 새로운 또는 설득력 있는 아이디어는 어떤 것이었는가? 그 아이디어가 당신의 관심을 유발한 이유는 무엇인가?

• 방문객들의 해설 대상/전시물, 해설 프로그램 등에 대한 방문객들의 이해나 감상을 높일 수 있는 아이디어는 무엇인가?

• 각 아이디어는 어떻게 사물·전시품, 해설 프로그램 등의 주제·메시지

와 연관되고 있는가?

- 어떻게 이런 아이디어가 방문객들에게 의미 있는 것이 될 수 있는가? 어떻게 해설가들은 방문객들의 삶과 아이디어를 연계시킬 수 있는가? 이 아이디어의 보편적인 질은 무엇인가?

- 어느 아이디어를 이용해서 방문객에게 명백한 설명을 해주는가?

- 어떤 질문이 방문객들을 이 아이디어에 대한 메시지 기반의 대화에 끌어들일 수 있는가?

- 방문객들을 아이디어와 연계시키는 데 도움이 되는 새로운 또는 현존하는 교구가 있는가?

해설은 인간 감정과 지적 성장 분야에서 이루어지는 발견의 항해이다. 그리고 해설은 해설가가 "우리의 임무를 수행하기에 완벽히 준비된 상태이다"라고 자신 있게 말할 수 있을 때를 예측하기 어렵다.

– 프리만 틸든의 『우리 유산의 해설』(1957) 중에서

평가: 해설 향상시키기

홀륭한 해설가와 해설 프로그램은 끊임없는 평가를 통해 수정되고 보완된다. 해설 교육에 있어서 해설가와 참여자의 역할을 경험해 봄으로써 교육생들은 여태까지 배운 내용을 바탕으로 다음과 같은 내용을 점검해 볼 수 있다.

- 누구를 대상으로 평가하는가?
- 언제 평가하는가?
- 어디서 평가하는가?
- 왜 평가하는가?
- 무엇을 평가하는가?
- 어떻게 평가하는가?

해설 서비스를 준비하거나 시연을 하면서 프레젠테이션을 만들려고 할 때, 전문가 혹은 동료 해설가들로부터 도움을 받아야 한다. 이러한 과정을 종종 '비평, 평가'라고 하며 관찰과 피드백을 수반한다. 만약 그 비평이 성공적이 되려면 해설 프로그램을 개발하려는 해설가는 타인의 평가에 대해 방어적이지 않아야 한다. 그렇지 않으면 그들에게 주어진 피드백을 듣는 것을 부담스러워하고 불편하게 느낄 것이다.

해설 프로그램에 대한 평가의 지침은 다음과 같은 것을 고려해 볼 수 있다.

① 틸든의 6가지 원칙이 잘 적용되고 있는가?

- 해설가는 참가자의 경험과 해설 내용을 관련시켰는가?
- 단순한 정보 제공보다는 이를 바탕으로 참가자의 감성에 영향을 주어 행동의 변화를 이끌어 냈는가?
- 전체적인 맥락에서 특정 관심 해설을 가르치는 것이 아니라 참가자를 자극하고 고무시켰는가?
- 참가자에게 지식적인 것뿐만 아니라 관심을 자극하였는가?
- 계층별 차별화 된 해설 프로그램이 있는가?

② 해설의 흐름이 도입-본론-결론으로 잘 진행되었는가?

- 참가자와 관련된 주제가 명확하게 제시되고 있는가?
- 흥미로운 내용을 다루고 있는가?

③ 해설 프로그램이 새롭고 효과적인 기법이 시도되었는가?, 길이는 적절하였는가?, 해설 프로그램의 내용이 충분히 묘사되고 참가자들 일상생활에 관련시키고 있는가?

이 지침은 미래에 있을 교육의 수정이나 개선에 대한 안내를 제공함으로써 어떻게 평가가 해설가의 기술과 해설가를 교육하고 지원한 사람들 모두를 향상시키는지 제시해준다. 평가 도구는 해설가의 직무에 대한 내용에서 정한 가능성과 지금까지 해온 교육으로부터 배운 내용들을 강화시키는 것이어야 한다.

교육 담당자가 어떤 평가 도구를 선택하는지에 상관없이, 교육담당자는 교육생들에게 여기서 논의하게 되는 내용들을 비교 대조하여 그 선택의 이유를 설명해야 한다. 자기평가는 해설가가 자신의 실적을 평가하도록 하고 자신의 성공, 약점, 성장 영역에 대해 생각하게 한다.

평가는 종종 해설가가 "만족스러운" 해설을 전달하고 있다는 것을 확인하는 품질 관리 연습이라고 간주된다. 품질 관리를 위해서뿐만 아니라, 관리자 또한 어떻게 자기 자신의 리더십, 교육, 또는 해설가에 대한 지원이 개선될 수 있는지 알아내기 위해 평가를 사용해야 한다. 해설가가 직장에서 지지를 받고 존중된다고 느끼면, 직원과 자원봉사자의 이직 방지에도 도움이 될 것이다.

교육 담당자는 〈참고 6-2〉을 사용하여, 교육생들과 함께 평가가 가져다주는 가치를 재검토한다.

평가에서 다음의 지침을 따르는 것은 해설 프로그램의 강점과 약점에 초점을 맞추는 평가에 도움이 된다.

1) 해설 프로그램 구성

- 해설에서 참가자들의 흥미를 끄는 도입부분이 있었는가?

- 주제가 적절하였는가?

- 해설이 도입 → 연결 → 본론 → 결론의 흐름에 맞게 잘 진행되었는가?

2) 해설기법

- 해설가는 능동적 어구를 사용하였는가?

- 해설가는 발음을 정확하게 하였는가?

- 해설가는 방문객들을 즐겁게 해주었는가?

- 해설가는 방문객들의 앞에 서서 얼굴을 마주하며 해설 프로그램을 진행하였는가?

- 해설가는 해설 시작 전에 방문객들에게 주제에 대해 미리 언급하였는가?

- 해설가는 해설에 있어 방문객들의 관심을 유발하고 참여를 유도하였는가?

- 해설가는 방문객의 이동 속도를 고려하여 해설 프로그램을 진행하였는가?

- 해설가는 방문객들이 잘 들을 수 있도록 해설을 실시하였는가?

- 해설가는 방문객들이 편안히 해설을 들을 수 있는 해설 대상지에서 해설을 실시하였는가?

- 해설 프로그램의 진행시간을 적절히 조절하였는가?

- 해설 프로그램이 창의적이었는가?

- 해설가는 해설 대상에 대해 충분히 조사하고 대상의 특징을 활용하였는가?

<참고 6-2> 평가의 가치

- 평가는 새로운 기술·지식을 얻기 위한 욕구와 진행 중인 성장을 장려한다.
- 평가는 취약 부분과 가능성 있는 부분을 찾아내준다.
- 평가는 교육 담당자에게 교육을 어떻게 수정하고 개선할 것인지에 대한 피드백을 제공한다.
- 평가는 어떻게 교육 담당자가 의사소통 능력과 교수 능력을 향상시킬 수 있는지에 대한 통찰력을 제공한다.
- 평가는 해설가와 교육담당자·관리자·멘토 간에 상호작용을 촉진시킨다.
- 평가는 모든 해설가-관리자 관계에 개선의 여지가 있다는 생각을 강화한다.
- 평가는 해설 프로그램의 개발과 전달, 해설 프로그램을 위한 교육에 대한 책무성과 전반적인 품질 관리를 보장한다.
- 평가는 해설 프로그램의 지속 또는 폐지와 같은 의사결정에 도움을 준다.

제3장
숲 해설 프로그램
기획 교육

교육에 대한 소개

- 교육생들에게 식사시간 · 휴식시간 등의 교육일정에 대하여 소개하고 교육생들이 사용하게 될 목욕실, 침실, 간단한 식음료가 준비되어 있는 공간 등 편의시설에 대하여 설명한다.

- 해설 교육기관의 스케줄 사정에 따라 교육 일정이 한나절로 축소되거나 이틀 동안 진행되는 등 변경이 있을 수 있다. 필요에 따라 교육생들에게 몇 가지 과제를 숙제로 완성해오도록 하고 스케줄을 축소할 수 있다.

- 해설 프로그램의 배경에 있는 전제인 대화에 대한 아이디어를 강화시킨다.

- 해설 프로그램의 목적을 검토한다.

  - 해설 프로그램 개발을 안내하기 위한 브레인스토밍 도구를 제공할 것

  - 교육과 상호작용 기술 응용의 가치를 부각시킬 것

  - 주제 · 메시지를 효과적으로 전달할 수 있는 해설 프로그램 작성 구성요소를 검토할 것

- 교육생이 개발한 목적들 중에서 응용할 수 있는 다른 목적들을 첨가한다.

해설 프로그램 기획

1. 해설 프로그램이 실패하는 이유는 무엇인가?

당신이 제공했거나 또는 다른 사람들이 제공한 해설 프로그램들 중에 당신이 '성공적'이었다고 여기는 해설 프로그램을 한 가지 생각해 보라. 해설 프로그램을 성공하게 만든 이유와 질은 무엇인가? (모든 대답을 칠판에 기록해 볼 것)

성공적이라고 생각되는 해설 프로그램의 질을 마음에 새겨둔다. 해설 프로그램이 왜 실패했는지에 대하여 이야기하는 것도 우리가 성공적인 해설 프로그램을 만드는 데 도움이 된다.

우리가 완성한 평가 부분을 상기하면서 다시 질문으로 돌아가 보자.

- 해설 프로그램이 성공적이었다는 것을 당신은 어떻게 아는가?

- 해설 프로그램 기획에서 함정 피하기
- 해설 프로그램이 실패하는 이유는 무엇인가?
- 해설 프로그램의 강점과 도전

2. 해설 프로그램 개발의 동기는 무엇인가?

- 최근에 개발되거나 또는 제공된 해설 프로그램을 생각해보라. 내용과 기술의 선택에 영향을 미친 동기는 무엇인가?
- 해설 프로그램 개발의 동기는 무엇인가?

우리가 해설 프로그램을 만드는 데는 매우 다양한 이유들이 있다. 그러나 그 이유가 무엇이든 해설 프로그램의 배경에 있는 여러 동기를 받아들이고 성공적인 진행을 위해 해설 프로그램을 필요에 따라 조정하는 것이 중요하다. 해설 프로그램 내용의 초점 또는 사용된 기술을 방문객의 욕구를 충족시킬 수 있도록 약간 변경시키면 해설 프로그램을 방문객들과 관련시키는 기회를 크게 향상시킬 수 있다.

3. 해설 프로그램 연습

1) 해설 프로그램 연습 입문

이 연습은 해설가들이 해설 프로그램 주제·메시지를 개발하는 데 도움을 주며 또한 기획된 해설이나 즉흥적 해설의 제작을 위한 틀을 제공한다. 이 연습은 해설 프로그램 내용 개발을 위한 초점을 제공해줌으로써 우리가 아이디어들을 생각해내도록 해줄 것이다.

이 연습은 세 영역으로 구성되었다.

① 해설 프로그램 예비지식: 전시·이벤트 개념, 목표 청중, 해설 프로그램 주제, 학습 목표, 감성 목표, 행동 목표, 유형·무형의 개념, 보편적 의미들, 대중의 지각에 대한 고려, 학습 해설 대상지, 해설 프로그램 시간
② 해설 프로그램의 초점: 주제·메시지
③ 내용에 대한 고려: 상호작용적·설명적 도구, 핵심 질문, 해설 프로그램 제목, 도입, 결론, 떠날 때의 생각

2) 해설 프로그램 예비지식

교육생들에게 관련된 정의들을 검토하도록 한 뒤 연습과제를 풀도록 한다.

• 관련된 전시 또는 해설 프로그램 주제는 무엇인가?

이 질문의 대답은 해설 프로그램이 수행되는 환경을 위한 전체 맥락을 제공해줄 것이다.

• 해설 프로그램은 누구를 위한 것인가?

해설 프로그램이 성공하려면 목표 청중의 결정은 해설 프로그램의 전체 맥락에 토대를 두고 있어야 하며 또한 목표 청중이 누구인지, 어떤 특성을 가진 집단인지 분명해야 한다.

- 일반적으로 이 해설 프로그램은 무엇에 관한 것인가?

개념에 관한 큰 그림은 해설 프로그램 개발 과정에서 이미 진술되어야 한다.

- 우리는 방문객들이 무엇을 알기를 원하는가?

방문객들이 해설 프로그램에서 학습해야 하는 가장 중요한 정보는 무엇인가를 결정하라.

- 나는 방문객이 무엇을 느끼기를 원하는가?

교육생들이 방문객들이 해설 프로그램과 관련하여 무엇을 느끼기를 원하는지 확인하라.

- 나는 방문객이 무엇을 하기를 원하는가?

방문객이 직접 여러 기구를 조작해보는 체험에 참여함으로써 해설 대상지를 방문하는 동안 그리고 그 이후에도 해설 프로그램의 목적을 지속적으로 생각하고 관련된 행동을 하게 만드는 방법들에 대하여 숙고해보라.

- 우리는 방문객들이 해설 대상의 실질적이면서도 의미 있는 측면들과 관계를 맺도록 어떻게 도울 수 있을 것인가?

방문객들이 메시지와 관계를 맺을 수 있도록 돕기 위해, 교육생들에게 내용의 유형, 무형 및 보편적 질들에 대하여 숙고해보도록 하라.

- 당신이 제공하는 해설 프로그램 내용에 대하여 방문객들은 어떠한 견해를 기지고 있는기?
- 내용은 논쟁의 여지가 있는 것인가?
- 반대되는 시각들이 존재하는가?
- 주제에 대하여 흔히 잘못 알려져 있는 편견들은 무엇인가?

다른 교육생들과 한께 방문개들이 가진 수 있는 견해 또는 그릇된 견해에 대하여 여러 가지 아이디어를 짜내는 일은 방문객들이 가질 수 있는 관심사항들, 신념 또는 반응에 대하여 미리 예견해보고 또 적절한 대응방식을 개발하는 데 유용할 것이다.

- 해설 프로그램은 어디에서 진행될 것인가?

교육생들에게 해설 프로그램이 의도하는 바에 가장 적합한 해설 대상지/위치를 확인하도록 하라. 때로는 해설 프로그램을 위해 사용할 수 있는 특정한 해설 대상지가 정해져 있기 때문에 선택의 여지가 없을 때도 있다.

• 해설 프로그램을 언제 진행할 것인가?

해설 프로그램이 어느 시간에 진행될 것인가에 대해서는 신중하게 고려해야 하며, 목표 청중이 해설 대상지를 방문할 개연성이 가장 큰 시간이 언제인가에 기초하여 결정되어야 한다.

3) 해설 프로그램의 초점

• 당신이 다음 단계는 해설 프로그램의 주제·메시지를 결정하는 일이라고 생각하는 이유는 무엇인가?

주제·메시지는 추가적인 정보를 수집할 때 초점의 역할을 한다. 해설 프로그램에 필요한 새로운 정보가 수집되면 메시지는 약간 변화될 수 있다. 그러나 주제·메시지에 대한 연구와 아이디어에 대하여 여러 가지 생각을 짜낸 이후에 만들어진 아이디어들보다는 원래의 중심아이디어인 주제는 여전히 개발에 대한 노력을 추진하는 원동력이 되어야한다.

• 해설 프로그램 메시지와 주제의 차이는 무엇인가?

4) 내용에 대한 고려

- 어떤 교구 또는 상호작용적 도구가 방문객들의 해설 프로그램 메시지의
  학습에 도움이 될 것인가?

각 메시지의 전달을 강화시킬 수 있는 교구 또는 다른 설명적 도구
들을 열거하라.

- 어떤 질문이 방문객들을 메시지에 토대를 둔 대화로 끌어들일 수 있을까?
- 어떤 제목이 방문객들이 일반적으로 가지고 있는 편견에 대하여 설명하
  고 또 그들이 이미 가지고 있는 관심에 호소하거나 또는 새로운 정보나
  체험을 약속함으로써 방문객들이 관심을 끌 수 있을까?

제목은 해설 프로그램 예비지식 연습의 아이디어 짜내기 단계를 배
우는 동안에 드러난 정보에 기초하여 얻어질 수 있을 것이다. 제목은
해설 프로그램 주제에 관련된 것이어야 한다.

교육생들에게 제목에 대한 자신들의 아이디어들을 이야기함으로써
그룹의 구성원들 서로가 공유하도록 하라. 어떤 것이 방문객들에게 가
장 매력적이며 그 잠재력을 높일 가능성이 있는지 토론하라.

- 당신은 해설 프로그램의 도입 부분을 방문객들을 사로잡는 데 어떻게 사
  용할 것인가? 무엇이 방문객들로 하여금 당신의 주제에 관심을 가지게
  만들 수 있을 것인가?

해설 프로그램의 도입은 방문객들의 관심을 붙잡아야 하며, 해설 프로그램의 주제를 소개함으로써 방문객들이 해설 프로그램에 대해서 무엇을 기대할 수 있는지 이야기해줄 수 있는 것이어야 한다.

- 결론 부분을 통하여 어떻게 방문객들의 주의를 다시금 해설 프로그램 메시지로 돌리게 할 것인가? 당신은 어떻게 방문객들로 하여금 해설 프로그램의 중요한 아이디어들을 되새기고, 처리하며 적용하게 만들 수 있을까?

결론 부분은 주제를 되풀이해야 하며 방문객들이 해설 프로그램의 주 메시지를 되새기게 해야 한다. 바로 그것은 당신이 방문객들이 해설 프로그램을 떠날 때 가지고 돌아가기를 원하는 정보이다.

- 당신은 방문객들이 해설 프로그램을 떠날 때 그리고 해설 대상지를 떠날 때 그들끼리 주고받는 대화를 어떻게 촉진시킬 것인가?

떠날 때의 생각이란 방문객들이 해설 프로그램의 메시지에 대한 대화를 지속하게 만드는 것이다.

4. 해설 프로그램 정보의 전달

1) 효과적인 해설 프로그램 작성 요소

- 왜 해설 프로그램 작성은 중요한가? (대답하기를 청하고 대답을 칠판에 기록한다.)

- 당신에게 해설 프로그램을 준비할 시간이 60분밖에 주어지지 않았다면, 당신이 원하고 또 필요로 하는 정보는 어떤 유형의 것입니까? (답을 칠판에 기록한다.)

2) 기관의 해설 프로그램 작성 템플릿 개발하기

- 만약에 어느 기관에 그 기관이 현재 사용하고 있는 해설 프로그램 작성 형식이 있거나 해설 프로그램을 작성하는 데 도움이 되는 지원 정보가 있다면, 그러한 것들은 해설가에게 유용한 정보를 제공하는가? (해설 프로그램 작성에 필요한 리스트와 해설가가 원하는 것을 적은 목록을 비교해본다.)

- 해설가들이 해설 프로그램 작성에 필요로 하는 것과 현재 그 기관에서 사용되고 있는 포맷을 토대로 해설가들이 좀 더 효과적으로 방문객들을 대화로 끌어들일 수 있는 해설 프로그램 작성을 할 수 있는가?

해설 프로그램 기획에서 주의할 점

　해설 프로그램 개발에 관한 학습에서 까다로운 부분은 어떤 요소가 성공적인 해설에 기여하며 또 어떤 요소가 성공적 해설에 장애가 되는지를 결정하는 것이다. 〈연습문제 4〉는 교육생들에게 그들의 성공하고 실패했던 경험들을 서로 공유하는 기회를 제공한다. 교육생들에게 그들이 어떻게 해설 프로그램이 성공했는지를 측정할 수 있는지 물어보는 것으로 시작하라. 대부분의 교육생들이 내놓는 몇 가지 공통된 반응에는 높은 참가율, 방문객의 미소, 적극적 참여, 해설가가 설명한 지식들 에 대한 방문객들이 이해한 정도(구두 또는 작성된 조사에 의해 측정된 것), 타인의 권유, 즉 "이 해설 프로그램에 참여했던 나의 이웃이 좋았다고 하는 말을 듣고 참여하게 되었다"는 등의 긍정적인 피드백이 포함되어 있다. 이 모든 것이 명확하게 성공을 반영하는 것은 아니지만(예: 방문객의 미소는 판단을 그르치게 할 수 있다) 의견청취,

참가율, 태도 또는 메시지의 이해정도 등을 측정하는 다양한 방법들을 통해 해설 프로그램이 의도한대로 전달되었는지 지속적으로 확인해야 한다.

<연습문제 4> 해설 프로그램 기획에서 주의할 점

준비 사항 및 준비물
- 교육생들의 대답을 칠판에 기록할 자원봉사자
- 칠판 또는 적을 수 있는 용지와 필기구, 백묵 등

목적

교육생들이 해설 프로그램의 성공과 실패의 이유, 해설 프로그램 제작의 배경에 있는 다양한 동기의 가치 등을 평가하게 될 것이며, 또한 어떻게하면 성공 잠재력을 증대시킬 것인지를 알게 될 것이다.

교육 담당자가 해야 할 일

① 교육생들에게 그들이 해설 프로그램이 성공적이었다는 것을 어떻게 알 수 있는지에 대하여 이야기하도록 청하라.

② 그룹에게 대답하기를 청하고 그 대답을 칠판 1에 기록한다.

③ 그룹으로 하여금 왜 몇몇 해설 프로그램이 실패하는지에 대하여 토론하게 하라.

④ 성공을 방해하는 요인에는 어떤 것들이 있는지 그룹에게 대답할 것을 청하고 대답을 칠판 2에 기록한다.

해설 프로그램이 실패하는 주요 이유들 중의 하나는 해설 프로그램 개발의 동기가 부적절하거나 명확하지 않기 때문이다. 다음 연습과제는 우리가 해설 프로그램이 실패하는 이유에 대하여 알고 있는 것에 기초하고 있으며 또한 해설 프로그램의 배경에 있는 동기로부터 도출해낼 수 있는 강점들을 고찰한다.

⑤ 그룹에게 최근에 개발되거나 또는 제공된 해설 프로그램에 대해 생각해보도록 한다.

- 해설 프로그램 내용과 기술에 영향을 미친 동기는 무엇인가?

⑥ 각각의 동기에 대하여 토론하고 교육생들에게 어떤 동기가 자신들의 해설 프로그램에 영향을 미쳤는지 지적하도록 하라. 교육생들에게 그들의 아이디어를 기록하라고 한다.

⑦ 각 동기의 강점과 약점에 대해 토론하라. 몇몇 동기들은 다른 동기들보다 성공할 수 있는 잠재력이 더 크기는 하지만, 모든 해설 프로그램은 성공할 가능성을 가지고 있다. 교육생들에게 그들의 아이디어를 기록하라고 한다.

이제 그룹은 해설 프로그램이 실패하는 이유에 대하여 더 많은 것을 알게 되었다.

⑧ 그렇다면 그들은 자신들의 해설 프로그램을 어떻게 바꿀 것인가? 교육생들에게 그들의 아이디어를 기록하도록 한다.

⑨ 그다음에는 교육생들에게 실패한 해설 프로그램들에 대하여 이

야기해보도록 청하라. 이는 해설 프로그램을 기획할 때 흔히 접하게 되는 함정을 피하는 방법에 대하여 배우도록 도와준다.

일반적으로 해설 프로그램이 실패하는 이유는 내용의 부적절성, 준비의 미흡, 또는 수행과 관련된 이슈의 부족 등의 세 가지 범주에 속해 있다. 해설이 제공되는 기관의 관계자들이 이미 알고 있듯이, 해설 프로그램이 작동하지 않았을 때 방문객들만 고통을 받는 것은 아니다. 해설가의 근로의욕 저하와 해설 대상지의의 이미지에도 영향을 줄 수 있는 것이다. 〈참고 7〉, 〈참고 8〉, 〈참고 9〉는 해설 프로그램 실패의 몇 가지 원인에 대해 상세히 설명해준다.

<참고 7> 해설 프로그램이 실패하는 이유는 무엇인가?

내용에 대한 도전
- 부적절한 동기: 부적절한 동기는 제공하고자 하는 정보와 전시의 가치, 또는 해설 제공기관의 미션과 메시지 등에 대하여 청중이 원하는 욕구를 반영하지 못한다.
- 부적당한 청중: 해설 프로그램이 방문객의 욕구를 반영하지 못하고 사용하는 기술 수준이 고려되지 못한 경우이다.
- 내용의 잘못된 초점: 초점이 전시와 관련되지 않은 경우이다.
- 부적당한 기술: 공급된 해설 프로그램이 전시와 청중을 결합시키지 못하거나 해설가의 해설기법이 적정하지 못하다.
- 부적당한 길이: 해설 프로그램의 길이가 청중의 요구를 반영하지 못할 정도로 너무 짧거나 지나치게 길다.

숲 해설 프로그램 기획 교육

〈연습 7〉은 교육생들에게 현재 또는 앞으로 만들게 될 해설 프로그램의 동기를 사정해보도록 하며, 또한 그러한 동기의 강점을 이용하는 방법과 해설 프로그램이 접하게 되는 도전을 극복할 전략을 개발하는 방법을 알게 해준다. 이 연습은 해설 프로그램 연습을 완성하는 데도 도움을 줄 것이다.

<연습 7> 해설 프로그램의 강점과 도전

해설 프로그램이 실패하는 이유는 무엇인가? 성공을 저해하는 요인은 무엇인가?

해설 프로그램/주제 명칭: _______________________________

1. 어떤 동기들이 이 해설 프로그램의 개발에 영향을 주는가?

- □ 청중의 기대/관심
- □ 전시의 내용
- □ 우선적으로 사용할 기술
- □ 미션과의 관련성
- □ 관찰된 욕구
- □ 해설 프로그램과 무관한 아이디어
- □ 해설 서비스 제공기관의 요청
- □ 기타

2. 동기에 내재한 강점과 도전은 무엇인가?

강점:

도전:

3. 당신이 알고 있는 해설 프로그램 실패 이유에 기초하여 당신은 어떻게 이 해설 프로그램을 변경할 것인가?

내용:

준비:

수행:

<참고 8> 해설 프로그램이 실패하는 이유는 무엇인가?

준비에 대한 도전

- 개발 시간의 부족: 해설 프로그램 기획을 위한 충분한 시간을 주지 않았다.
- 교육의 부족: 어떻게 하면 효과적인 해설 프로그램을 제공할 수 있는가에 대한 교육이 해설가들에게 주어지지 않았다.
- 구할 수 있는 지원 자료의 부족: 자료가 해설 프로그램 작성과 통합되지 않았다.
- 행정적 지원의 부족: 경영진이 해설 프로그램 개발자에게 그들이 완성할 수 있는 시간이나 자원을 충분히 주지 않았다.
- 예산의 부족: 예산상 사정으로 해설 프로그램을 위한 장기적인 지원이 되지 않았다.
- 홍보의 부족: 해설 대상지에서 방문객들에게 홍보를 하는 데 실패하였다.
- 파트너십의 부족: 해설가 외부지원기관, 자원봉사자 또는 외부 자원으로부터 필요로 하는 요소들이 부족한 경우이다.

해설 프로그램의 성공 또는 실패의 원인은 흔히 해설 프로그램을 처음 기획할 때의 동기에서 찾을 수 있다(〈참고 7〉을 볼 것). 대체적으로 성공을 보장해주는 동기가 몇 가지 있다. 예를 들어, 방문객들이 해설 대상물에 대하여 여러 가지 질문을 한다거나 또는 관심을 보이며 가까이 다가가서 보려고 하는 것 등이 그것이다. 해설 프로그램 성공에 도전이 되는 동기들도 있다. 잘못된 시간과 해설 대상지에 방문객의 기대욕구가 전혀 충족되지 못하는 해설 프로그램의 경우와 해설가의 열정이 보이지 않는 경우이다. 이렇게 해서 만들어지는 동기는 부적절한 동기가 된다. 교육생들에게 우리가 비록 해설 프로그램을 진행하는 동안 언제나 통제할 수 있는 것은 아니라고 하더라도 우리는 함정들을 미리 예견할 수 있고 또 그러한 장애들을 최소화할 수 있다는 점을 다시금 기억하게 하라.

〈참고 9〉 해설 프로그램이 실패하는 이유는 무엇인가?

수행에 대한 도전

- 잘못 짜인 스케줄: 해설 프로그램에 진행되는 시간이 방문객의 수가 절정을 이루는 시간대와 맞지 않는다.
- 좋지 않은 날씨: 기후조건이 방문에 장애가 되었거나 해설 프로그램 공급을 어렵게 한다.
- 잘못된 해설 대상지 선정: 해설 프로그램 진행공간이 청중의 규모를 반영하지 못하거나, 그 공간에 도달하기가 어렵고, 기상변화나 악천후에 대처 할 수 있는 장소가 부족하거나, 해설 프로그램 주제를 반영하지 못하거나, 해설 프로그램을 지원하는 기기를 제공하지 못하는 등의 문제들이 발생할 수 있다.
- 부적절한 경비: 사용할 수 있는 경비가 너무 적어서 필요한 것을 구입하지 못한다. 경비가 너무 적어서 해설 프로그램에 드는 비용을 충당치 못하거나 해설 프로그램이 별로 가치가 없다는 생각이 들게 한다.

그룹이 〈참고 10〉의 내용을 가지고 토론하는 동안에 교육생들은 교육생들이 〈연습 7〉에 주목하도록 해야 한다. 〈참고 10〉은 동기 리스트인데, 그 동기들은 새로운 해설 프로그램 제작을 고취시키는 것들이다. 이 리스트는 본 매뉴얼을 만들기 위한 연구가 진행되고 있을 때 수집된 교육자들의 응답에 기초하여 작성된 것이다. 연구에 따르면, 미술 작품 A에 대한 방문객들의 관심에 부응하여 만들어진 해설 프로그램이 어느 강사가 미술 작품 B를 선호한다는 동기로 만들어진 해설 프로그램보다 성공할 가능성이 더 높다는 것이다. 앞에서 언급한 바와 같이, 개발자가 방문객과 전시/전시 사이에 관련성을 찾아내어 관계를 맺게 해줄 수 있다면, 모든 동기는 성공적인 해설 프로그램을 만들 수 있는 잠재력을 가지고 있다.

<참고 10> 해설 프로그램 개발의 동기는 무엇인가?

수행에 대한 도전
- 방문객의 기대 · 관심: 방문객이 원하는 것들, 방문객에게 배부된 유인물에 약속된 것들
- 전시의 내용(자원): 진행 중인 전시, 특별 전시/관련성
예: 특별 기념전-동물의 탄생, 전시 대상물의 복원
- 우선적으로 사용할 기술: 해설 서비스 제공을 위해 요구되는 형식(스토리텔링, 수공예, 투어 등)

- 관련된 미션: 미션의 몇 가지 측면을 충족시키거나 전달 가능한 것
- 관찰된 욕구: 필요한 경우에 부족한 정보를 보충하거나 방문객들이 전시와 상호작용에 대한 방향 수정
- 해설 프로그램과 관련되지 않은 아이디어: 해설 프로그램을 개발하거나 지시하는 사람의 선호 · 열정
- 이해할 수 없는 의뢰인: 자세히 설명되지 않았거나 불명확한 운영진 · 기증자의 요구
- 기타

해설 프로그램 연습

아이디어와 기술을 사용하여 해설 프로그램을 제작하는 포괄적인 과제에 초점을 둔다. 해설 프로그램 연습은 교육생들이 해설 프로그램 주제·메시지를 개발하는 데 도움을 준다; 유·무형 및 보편적 개념; 학습, 정서 및 행동 목표들. 또한 기획된 해설과 즉흥적 해설을 제작하고 새로운 해설 프로그램의 아이디어와 내용을 개발하는 데 필요한 뼈대를 제공한다. 연습이 비록 교육생들에게 해설 프로그램의 요소들을 포괄적으로 생각해볼 수 있도록 도움을 주지만 완전한 해설 프로그램의 작성에 대한 모든 내용을 담을 순 없다.

연습은 해설 프로그램의 배경, 해설 프로그램의 초점, 그리고 내용에 대한 고려의 세 영역으로 나뉘어 있다.

1. 해설 프로그램 배경

해설 프로그램 배경은 다음과 같은 측면들을 모두 포함한다: 목표 방문객, 해설 프로그램 주제, 학습, 정서 및 행동 목표, 유형·무형의 개념, 보편적 의미들, 방문객의 지각에 대한 고려, 학습이 진행되는 위치, 해설 프로그램 진행 해설 대상지, 예정된 시간 등.

교육생들에게 "누가, 무엇을, 어디서, 언제, 어떻게"라는 아주 기본적인 질문을 사용하여 해설 프로그램의 토대가 되는 것들을 규정하라고 요청하는 것으로 시작한다(해설 프로그램의 "왜"라는 질문에 대해서는 다음 섹션에서 주제·메시지의 개발을 다룰 때 답하게 될 것이다). "해설 프로그램의 맥락은 무엇인가?"가 첫 번째 질문이 되어야 한다. 해설 프로그램 개발자로서 교육생은 자신이 개발하려는 해설 프로그램이 특정한 해설 대상지 전시와 관련된 특별한 이벤트나 활동의 일부분인가를 알아야만 한다. 해설 프로그램의 맥락은 보통 해설 프로그램 제목으로부터 분명해진다(예: "구석구석 남도 생태관찰 여행", "교과서에 나온 식물 만나기").

해설 프로그램의 맥락이 명확해지면, 교육생들은 "이 해설 프로그램은 누구를 위한 것인가?"라는 질문에 답함으로써 목표 청중을 결정해야 한다. 해설 프로그램의 내용은 청중을 고려하여 결정되어야 한다. 어떤 집단이 청중이 될 것인지 미리 정해진 경우와 달리(예: 시각 장애를 가진 학생 그룹) 경우에 따라 방문객이 달라지는 해설 프로그램은 방문객의 나이, 인종, 학습 양식 등과 관련하여 다양한 전략을 마련해야 한다. 해설 프로그램 공급 전략을 선택할 때에는 외국인 방문

숲 해설 워크북

객들, 여러 세대가 혼합된 집단, 그리고 장애를 가진 방문객들 등의 특성이 고려되어야 한다.

개념은 해설 프로그램 내용이 무엇에 관한 것인지에 대한 일반적인 아이디어를 제공한다. 개념은 한층 더 명확하게 주제로 귀결되는 주요 아이디어를 포함한다. 예를 들어, 어떤 해설 프로그램의 주제가 '광릉에 위치한 국립 수목원의 역사'라면, 이 해설 프로그램의 주제는 "당신이 수목원 역사에 대하여 방문객들에게 이야기하고 싶은 것이 무엇인가?"라는 질문의 답에 의하여 만들어질 수 있을 것이다.

다음 단계는 학습, 정서 및 행동 목표들을 개발하는 것인데, 각각의 목표는 방문객들이 하게 될 다양한 경험 양식을 뜻한다. 이 목표들은 1950년대에 벤저민 블룸(Benjamin Bloom)의 책임 연구원으로 교육심리학자협회가 수행한 연구에 기초한 것이다. 이 연구팀은 교육적 활동의 영역을 인지적(학습/지식습득), 정의적(정서/느낌), 심동적(행동/수행) 영역의 세 가지로 분류하였는데, 현재는 블룸의 교육목표 분류학으로 알려져 있다(Bloom, et al, 1964). 학습활동은 다음의 세 영역들이 조화롭게 균형을 이룰 때 방문객들의 마음을 움직일 수 있는 잠재력이 한층 커진다.

① 해설 대상/전시에 대한 정보를 제공한다: 인지적 영역(안다)
② 해설 대상의 전시나 개념에 대한 느낌을 불러일으킨다: 정의적 영역(느낀다)
③ 방문객들과 해설 대상/전시와의 상호작용을 돕는 지각적 · 참여 경험을 촉진시킨다: 심동적 영역(행한다)

예비지식에 대하여 이제 다루게 될 내용들은 방문객들이 해설 프로그램을 더욱 개인적으로 받아들일 수 있도록 해준다. 유형, 무형 및 보편적 의미들은 방문객들이 해설 대상/전시와 사실적이고 정서적인 관계를 맺도록 도와준다. 연습과제는 이전에 배운 것을 다시 기억할 필요가 있는 교육생들과 참가하지 않은 교육생들이 유형(구체적) 개념과 무형(추상적) 개념 및 보편적 의미에 대하여 학습할 수 있게 해줄 것이다. 유·무형의 개념과 보편적 의미는 해설 프로그램 내용을 각 방문자에게 더욱 의미 있게 만들어주는 것들이다.

일반 대중이 지각하고 있는 것들도 해설 프로그램 성공에 영향을 미칠 수 있다. 교육생들에게 방문객들이 해설 프로그램의 주제에 대하여 어떻게 반응할 것인지에 대하여 여러 가지를 생각해보도록 한다(소그룹으로 하는 것이 바람직하다). 내용이 공포, 어린 시절의 기억, 매체에서 전한 이야기들 또는 종교적 신념을 연상시키는지에 대하여 생각해보게 되면, 교육생들이 방문객들의 반응을 예상해볼 수 있고 또 방문객들의 느낌에 대해 조금 더 민감하게 대응할 수 있게 된다.

마지막 단계는 교육생들에게 어디에서 그리고 언제 제공될 때 해설 프로그램이 가장 성공적일 것인지 신중하게 숙고해보라고 요청하는 것이다. 해설 프로그램 진행 해설 대상지를 확인하는 일은 진행 해설 대상지 가까이에 있는 해설 대상의 강점을 사용하고 흔히 있을 수 있는 해설 프로그램 기획에서의 함정을 피하게 함으로써 효율성을 증대시킬 수 있다(예: 과도한 수의 청중, 소음). 해설 프로그램 진행 시간을 선정할 때에는, 목표 청중이 언제 해설 대상지를 방문할 것으로 예상되는지에 주의하라.

2. 해설 프로그램의 초점

　해설 프로그램 예비지식이 결정되고 나면 교육생들은 앞에서 해설 대상/전시에 대하여 학습한 것을 사용할 수 있고, 또한 그들의 주의를 주제·메시지 등의 해설 프로그램으로 집중시킬 수 있을 것이다. 이미 논의된 바와 같이, 주제·메시지는 큐레이터, 교육자들 그리고 다른 강사 전문가들이 서로 협력하여 개발하는 것이 이상적이다. 그러나 개발되는 새로운 해설 프로그램은 확인된 해설 대상/전시의 주제에 기초하면서 해설 프로그램 목표들을 달성시킬 수 있도록 한층 세밀하고 특화된 구조를 필요로 할 것이다. 연습은 "방문객이 이 해설 프로그램에 관심을 가져야 하는 이유는 무엇인가?"라는 질문을 제기한다. 교육생들이 이 질문에 대하여 정교한 답을 내리도록 돕기 위하여, 교육생은 주제·메시지의 정의를 검토해보아야 한다.

3. 내용에 대한 고려

　이제 다룰 해설 프로그램 내용에 대한 고려들에는 상호작용적·설명적 도구, 핵심 질문, 해설 프로그램 제목, 도입과 결론, 그리고 떠날 때의 생각 등이 포함되어 있다.

　해설 프로그램 연습의 나머지 부분은 해설 프로그램 메시지의 설명 기술에 초점을 둔다. 교육생들에게 해설 대상지의 메시지를 강화하고, 방문객들이 그들의 감각을 사용하도록 자극하고, 방문객들에게 메시지를 그들의 삶과 결합시키는 대상물과 상호작용하는 기회를 제공하기 위하여 교구 또는 실습을 사용하는 방법에 대한 아이디어를 짜내보라고 하라.

질문은 방문객들로 하여금 메시지를 기억하고, 처리하며 자신들의 삶에 적용하도록 이끄는 것이다. 질문은 방문객들이 해설 프로그램을 자신의 것으로 받아들이도록 하고 학습 과정을 최대한으로 촉진시키는 데 도움이 된다. 〈연습 5〉와 〈연습 6〉은 교육생들이 메시지에 기초한 질문을 작성하는 것을 돕는데, 그러한 질문은 방문객들이 해설 프로그램 내용에 대하여 생각하도록 촉진시킨다. 교육생들에게 대화를 촉진시킬 수 있는 핵심 질문 몇 가지를 생각해보라고 한다. 이러한 교육은 해설 프로그램 작성에 도움이 된다.

해설 프로그램의 독창성과 흥미진진함을 획득하려면 해설 프로그램의 제목은 반드시 교육생들이 연습과제를 완성한 다음에 결정되어야 한다. 해설 프로그램 제목은 모호하거나 위협적인 느낌을 주지 않으면서 방문객들은 유인할 수 있는 것이어야 한다. 제목은 기대를 형성하고 해설 프로그램에 참가했을 때 얻을 수 있는 여러 가지 이득을 암시하는 것이어야 한다. 교육생들에게 여러 가지 제목을 구상해보게 한 다음 그 제목들에 대하여 토론하게 하라. 누군가가 제안한 제목을 가지고, 그룹의 다른 교육생들은 방문객의 역할을 맡아서 그 제목에 대하여 반응해보도록 한다. 이러한 교육은 교육생들이 제목을 세련되게 다듬을 수 있도록 도와준다.

정교하게 다듬어진 제목은 다음과 같은 특성을 포함한다.

- 해설 프로그램을 한층 더 강력하게 해설대상/전시와 관련시킨다.
- 해설 프로그램에 참가함으로써 얻을 수 있는 재미 또는 지식을 암시한다.
- 흥미와 호기심을 불러일으키는 언어를 사용한다.
- 방문객들에게 친숙한 단어 또는 유비(類比)를 사용한다.

교육생들은 교육을 마칠 때 도입, 결론 및 떠날 때의 생각들에 대한 밑그림을 그리는 것이다. 도입 부분은 방문객을 사로잡아서 해설 프로그램에 참가하도록 고무하는 것이어야 한다. 해설 프로그램에 대한 기대를 형성하기 위해서 도입 부분에서 메시지가 언급될 수도 있겠지만, 메시지에 대한 충분한 설명은 해설 프로그램의 본격적인 부분으로 전개되어야 할 것이다.

해설 프로그램의 결론 부분은 해설가의 메시지를 요약하고 청중의 주의를 다시금 주제에 주목하게 하는 것으로 마무리해야 한다. 주제는 방문객들이 집으로 가져가기를 당신이 원하는 '주요 아이디어'를 뜻한다. 결론 부분에서 해설가는 방문객들에게 메시지를 다시 생각하게 하는 몇 가지 질문을 하거나, 그들이 배운 것들을 서로 이야기하면서 함께 공유하는 기회를 만들 수도 있을 것이다. 떠날 때 가지고 가야 할 몇 가지 생각들로 해설 프로그램을 마무리하는 것은 방문객들로 하여금 해설 대상지를 떠난 다음에도 주제에 대하여 계속 생각하도록 촉진한다(간단한 주제 단어, 몇 가지 질문 또는 배부되는 물건-유인물, 스티커, 기념품 등-을 활용할 수 있다).

<연습 8> 해설 프로그램 연습

전시/이벤트의 맥락:

목표 청중:

해설 프로그램 주제:

학습 목표:

감성 목표:

행동 목표:

유형   무형 (추상적 · 정서적) 개념:

___________________   ___________________

___________________   ___________________

___________________   ___________________

해설 프로그램에 관련된 보편적 의미:

주제 또는 내용에 대한 공중의 지각:

학습 진행 해설 대상지: _____________ 예정된 시간: _____________

해설 프로그램 주제:

메시지:

   1.

   2.

   3.

상호작용적/설명적 도구:

메시지 1	메시지 2	메시지 3
______	______	______
______	______	______
______	______	______

메시지:

   1.

   2.

   3.

   4.

해설 프로그램 주제:

도입:

결론:

떠날 때의 생각:

<연습 9> 해설 프로그램 정의하기 연습

여기에 제시된 해설 프로그램 정의 리스트는 해설 프로그램 연습을 완성하는 데 도움을 준다. 그 연습은 해설 프로그램을 개발하는 내내 안내를 제공하기 위해서 고안된 것이다. 정의들이 소개된 순서는 연습에 나온 순서를 따랐으며, 또한 해설 프로그램 예비지식, 해설 프로그램의 초점, 또는 내용에 대한 고려의 순서에 따라 조직되었다. 연습이 비록 주제에 기초한 상호작용적인 해설 프로그램 개발에 도움을 주기는 하지만 온전하게 해설 프로그램을 작성하게 만들 수는 없기 때문에 이에 앞서 해설 프로그램 작성법을 완성해야만 할 것이다.

해설 프로그램 예비지식

- **해설 프로그램/전시의 맥락:** "특정 해설 프로그램을 포괄하는 더 큰 틀, 즉 맥락이 있는가? 전시 또는 이벤트는 무엇에 관한 것인가?"

  해설 프로그램의 맥락은 전형적으로 해설 프로그램이 개발되기 전에 결정되며 보통 해설 프로그램 제목을 통해 유추해 볼 수 있다. 맥락은 해설 프로그램 내용에 있어서 사이트 또는 이벤트의 우선순위와 특질을 결정한다. 맥락은 제목의 문구/어조 그리고 홍보자료 등을 통하여 방문객들이 갖게 된 기대에 관련된다.

- **목표 청중**: "이 해설 프로그램은 누구를 위한 것인가?"
  목표 청중은 이미 해설 대상지에 와본 적이 있는 사람들이거나(예: 가족, 학생 집단) 또는 당신이 앞으로 특별한 해설 프로그램을 마련하여 대상지를 방문하도록 유인하려는 사람들이다(예: 걸스카우트, 노년 투어 그룹).

- **해설 프로그램 주제**: "이 해설 프로그램은 무엇에 관한 것인가?"
  해설 프로그램 주제는 해설에서 가장 중요한 "핵심"이다. 주제는(예: 우리나라 고유 수종이 사라지고 있다.) "어떤 정보가 방문객들에게 전달되어야 하는가?"라는 질문에 대한 답이다. 주제는 완전한 문장으로 표현되면 참가자와 관련있는 내용으로 그들의 경험을 풍부하게 할 수 있는 해설 대상지의 총체적인 목표를 나타낸다.

- **학습 목표**: "나는 방문객들이 무엇을 알기를 원하는가?"
  학습 목표는 해설 프로그램이 종료된 후에 방문객들이 경험한 사실 또는 사물들에 대하여 오랫동안 기억하고 기술할 수 있도록 하는 데 초점을 둔다. 당신이 방문객들이 어떤 사실들을 기억하기를 원하는가에 대하여 정의하는 것도 중요하지만, 우리가 해설 프로그램이 끝난 후에 방문객들이 어떻게 느끼고 행동할 것인가를 정의할 때 방문객과 해설 프로그램과의 결합이 더 잘 이루어질 것이다(Veverka, 1994).

- **감성 목표**: "나는 방문객들이 무엇을 느끼기를 원하는가?"
  방문객들이 느낄 정서에 대한 고려는 의사결정 과정의 중요한 부분이다. 우리가 방문객의 태도나 행동에 영향을 미치기 원한다면, 우리는 방문객들에게 감성적으로 다가가려고 노력해야 한다. 우리가 방문객들이 어떻게 느끼기를 원하는가에 대하여 숙고함으로써, 우리는 방문객들의 행동과 그들이 습득한 지식에 영향을 미칠 수 있는 경험들을 더욱 잘 만들어낼 수 있을 것이다.

숲 해설 프로그램 기획 교육

- 행동 목표: "나는 방문객들이 무엇을 하기를 원하는가?"
  우리가 방문객이 행동을 취하도록 만들 수 있다면, 우리는 진정으로 성공한 것이다. 우리가 방문객들을 고무시켜서 그들이 전시와 상호작용할 수 있거나 미션에 몰두하게 된다면, 그것은 우리가 방문객들과 전시와의 결합을 만들어내고 있음을 뜻한다. 이렇게 청중을 몰입하게 할 수 있을 때 해설 프로그램의 성공은 장기적이 될 수 있다(Veverka, 1994).

- 학습 진행 해설 대상지: "방문객들이 어디에서 이 해설 프로그램을 경험하게 될 것인가?"
  해설 프로그램이 어디에서 진행될 것인가를 확인하는 일은 해설가들에게 해설지역이 가진 강점들을 이용할 수 있게 해주고 또한 해설 프로그램이 빠질 수 있는 함정(예: 과도한 수의 청중, 소음 등)을 피하게 해줌으로써 효율성을 증대시킬 수 있다.

- 예정된 시간: "해설 프로그램을 언제 진행할 것인가?"
  해설 프로그램이 진행되는 시간은 해설 프로그램의 내용과 성격에 영향을 미칠 수 있다. 해설 프로그램에 가장 이상적인 시간은 목표 청중의 방문 유형에 기초해서 정해져야 한다. 예를 들어, 목표 청중이 학생 집단일 경우에 해설 프로그램은 오전 10시와 오후 2시 사이에 제공되어야 한다.

- 유형적 개념: "특정 대상물의 외양은 어떠하며, 어떤 냄새가 나며, 어떤 느낌을 주는가? 사람들이 대상물을 관찰함으로써 개념이나 대상물에 대하여 알 수 있게 되는 것은 무엇인가?"
  이러한 개념들은 방문객들이 대상물과 지적인 관계를 맺도록 도와준다.

- 무형적 개념: "어떻게 방문객들에게 특별한 느낌을 가지게 할 수 있을까? 어떤 정서 또는 경험이 느낌과 관련되는 것일까? 해설 프로그램에 포함되어 있는 어떤 경험들이 사람들을 개념·목표와 관련시킬 수 있을까?"
  이러한 추상적인 개념들은 대상물과 정서적인 관계를 맺는 데 중요하다.

숲 해설 워크북

- 보편적 의미

보편적 의미란 해설 프로그램과 관련된 개념이나 아이디어를 가족 · 변화 · 역사 · 일 · 보상 · 금전 등 일상생활과 결합시키는 의미를 뜻한다. 이러한 의미들을 당신의 대화에 인용하면 청중은 해설 프로그램 내용을 자신의 생활과 연결시킬 수 있다.

- 방문객의 지각에 대한 고려

방문객이 어떤 생각을 할 것인지를 의식해야 한다. 방문객들 각자의 정서적 상태는 매우 다양하다. 신문을 읽어서 방문객의 의견, 두려움과 느낌 등에 영향을 줄 수 있는 사건들을 이해하라.

해설 프로그램 초점

- 해설 프로그램 주제

주제는 당신이 방문객들이 집으로 가져가기를 원하는 '주요 아이디어' 또는 가장 중요한 개념이다; 주제는 해설 프로그램의 모든 요소를 포괄하는 일반적인 진술이다. 당신은 주제를 다음과 같은 문장을 완성함으로써 표현할 수 있다: "내가 방문객들이 이 대상지/주제에 대하여 기억하기를 바라는 것이 있다면, 그것은 ~이다."

- 메시지

메시지는 스토리 · 경험 · 개념 등 일종의 지원적 '증거'라고 부를 수 있는 것들을 제공하는데, 이러한 지원적 증거들은 주제에 대한 설명을 돕는다. 메시지의 수를 세 가지로 제한하면 메시지의 영향력이 증대되고 메시지가 전하려는 아이디어들을 방문객들이 더욱 많이 보유하게 되어서 혼돈을 피하는 데 도움을 준다. 해설 프로그램의 목표가 추구하는 사실, 정서 또는 행동은 메시지에 통합되어야 한다: "내가 방문객들이 주제를 이해하기를 원한다면, 그들이 ~을 알게 되고/느끼게 되는 것이 중요하다."

내용에 대한 고려

- 상호작용적 · 설명적 도구

이 도구들은 방문객들이 그들의 여러 감각을 사용하여 메시지를 직접적으로 경험할 수 있는 유형의, 실제적인 기회를 제공할 수 있는 것이어야 한다. 해설가는 교구를 사용함으로써 방문객들이 메시지와 소통하면서 의미 있으면서도 자신과 관련된 경험을 할 수 있는 잠재력을 증대시키게 할 수 있다.

- 핵심 질문

핵심 질문이란 해설 프로그램 내내 질문을 통하여 방문객들이 정보를 처리하고, 비교하고 또는 내면화하도록 사용되는 질문들이다. 모든 질문이 반드시 대답을 필요로 하는 것은 아니다!

- 해설 프로그램 제목

해설 프로그램의 제목에 대하여 고려하기에 앞서 앞에 나온 연습들을 완전히 숙지해야 할 것이다. 해설 프로그램의 제목은 해설 프로그램의 독창성과 흥미진진함을 나타내고 또한 방문객의 기대를 불러일으키고 해설 프로그램에 참가할 때 얻을 수 있는 보상을 암시하는 것이어야 한다.

- 도입

해설 프로그램은 청중이 적극적으로 참여하고 주제와 소통할 수 있도록 청중을 사로잡는 것으로 시작해야 한다. 해설 프로그램에 대한 기대를 형성하기 위해서 도입 부분에서 메시지가 언급될 수도 있겠지만, 메시지에 대한 충분한 설명은 해설 프로그램의 본격적인 부분으로 전개되어야 할 것이다.

- 결론

 해설 프로그램의 결론 부분은 해설가의 메시지를 요약하고 청중의 주의를 다시금 주제에 주목하게 하는 것으로 마무리해야 한다. 해설가가 방문객들에게 그들이 배운 것들을 서로 이야기하도록 함으로써 해설 프로그램을 마무리한다면, 방문객들에게 메시지를 강화하는 기회가 될 수도 있을 것이다.

- 떠날 때의 생각

 해설 프로그램의 이 측면은 모든 해설 프로그램의 "집으로 가져가는" 요소를 강화한다. 간단한 진술, 몇 가지 질문 또는 방문객들에게 배부되는 물건(유인물, 스티커, 기념품) 등, 방문객들이 메시지에 대하여 지속적으로 생각하도록 고무하는 것이면 된다.

해설 프로그램 정보의 전달

　새로운 해설 대상지에 대해 해설 프로그램은 대상지, 주제 그리고 방문객에 따라 그 내용이 달라지며, 다양한 해설 기법이 사용될 수 있다. 이와 함께 해설가가 각자 자신의 재능과 경험에 따라 다양한 방법으로 해설 서비스가 제공될 수 있으나 잊지 말아야 할 것은 틸든의 6가지 원칙이 해설 프로그램을 개발하고 적용되는 데 근간이 되어야 한다는 것이다.

　이 부분은 해설가들이 기관이 사용하기에 적절한 형식을 개발하여 문서로 작성된 해설 프로그램을 만드는 데 도움을 준다. 이 해설 프로그램 작성법은 이미 해설을 담당하고 있는 사람들과 장차 해설가가 되려고 하는 사람들에게 도움이 될 것이다.

　각 기관은 고유의 형식을 개발하는 것이 좋을 것이고, 또 이미 가지고 있는 해설 대상지도 있을 것이다. 그러나 모든 해설 프로그램 작성법에 공통적으로 사용될 수 있는 정보들이 있다. 해설가들에게 그들이 새로운 해설 프로그램을 시연할 때의 경험을 떠올려 보라고 청하는 것으로 시작해야 하며, 그들이 그러한 경험을 통해 습득한 정보들이 과연 유용한 것인지 토론해보아야 한다. 많은 경험을 가진 해설가들이 필요로 하는 정보들은 다른 사람들에게도 광범위하게 유용한 정보일 것이다. 그룹에게 효과적 작성의 본질적인 구성요소들의 리스트를 만들어보도록 하라: "당신이 지금부터 한 시간 후에 해설 프로그램 한 편을 공급해야 한다면, 당신이 효과적으로 준비하는 데 있어서 어떤 정보가 도움이 될 수 있습니까?"

그룹이 만든 리스트를 플립차트에 적은 다음, 효과적인 해설 프로그램 작성의 요소들과 비교해보고(〈참고 11〉) 가 그룹이 만든 리스트에 제시되지 않은 요소들에 대하여 토론하라. 그다음에는 해설 프로그램 작성법(사례)을 검토하라. 해설 프로그램 작성법은 효과적인 해설 프로그램 작성법의 한 가지 사례이다. 각 기관과 해설가는 각각의 필요에 따라 이 템플릿의 형식을 수정하고 변경하여 사용할 수 있다.

- 해설 프로그램의 제목

- 예정된 길이와 해설 프로그램의 포맷(예: 30분이 소요되는 전시 투어 등)

- 목표 청중- 해설 프로그램이 의도한 청중은 누구인가?(4학년 학생들, 노년층, 일반 공중 등)- 목표 청중은 누구인가?(4학년 학생들, 노인들, 일반 관객 등)

- 해설 프로그램 진행에 추천된 해설 대상지(해설 프로그램의 내용과 전시를 관련지을 수 있는 지역)

- 주제·메시지(주요 아이디어와 지원적 개념)

- 해설 프로그램 목표: 당신은 방문객들이 무엇을 학습하기를, 알기를, 또는 하기를 원하는가?

- 자료 및 교구 리스트: 어떤 자료가 메시지의 전달에 도움이 되는가?

- 해설 프로그램 준비 지침: 당신은 해설 프로그램을 어떻게 준비하는가?

- 정보 수집에 도움이 되는 자원 리스트(기사 항목, 웹사이트 등)

- 해설 프로그램 개요

- 대화적 도입·마무리의 사례(필요한 경우)

- 방문객들을 끌어들이는 데 쓰이는 비법·기술(교구·액션·질문)

- 떠날 때의 생각: 방문객들이 해설 프로그램을 떠난 다음에 주제에 대하여 생각해보게 되는 아이디어

- 방문객들이 자주 하는 질문과 그 질문에 대한 정확한 응답

- 기타

<사례> 해설 프로그램 작성법

- 해설 프로그램 제목:

- 형식: __________ 기획된 해설 __________ 즉흥적 해설 __________

- 기술(투어, 시연 등)
  - 해설 대상지:
  - 예정된 시간:

주제:

메시지 1:

메시지 2:

메시지 3:

- 목표:

- 미션(기관의 미션과 해설 프로그램과의 통합):

해설 프로그램 준비

- 자료/교구:

- 준비 지침: (필요한 경우 준비 지침 메모를 첨부할 것)

해설 프로그램 공급

- 사용할 수 있는 핵심 질문: (교구 등을 사용할 경우에 자세히 적을 것)

  1.

  2.

  3.

  4.

해설 프로그램 개요(기획된 해설 프로그램을 위한 것임)
• 도입:

• 본론(각 메시지 설명):

• 결론:

• 떠날 때의 생각(아이디어, 집으로 가져가는 메시지):

• 해설 프로그램 지원 정보:

• 방문객들이 자주 하는 질문 및 답:

• 참고문헌 목록(필요한 항목의 인용 또는 복사한 것, 연구자료 등)

전시 교육

최근 글로벌 환경이 확산되고 인류가 지니는 모든 가치를 중요하게 여기고 이미지화하려는 움직임 속에 지역사회의 이미지 역시 '브랜드' 화해야 한다는 인식이 팽배하여 전시회·박람회 등으로 지역 가치를 제고하는 데 힘을 기울이고 있다.

사회를 표현하는 장으로서 공간에 대한 이러한 제안은 지극히 당연한 현상일지도 모른다. 사회의 변화를 공간은 반영하고 표현하고 공간은 다시 사회를 형성하는 상호 밀접한 관계가 전시라는 현상을 매개로 나타나고 있는 것이다. 전시환경 역시 변화무쌍하여 멀티미디어·사인그래픽·연출매체 등을 동원하여 전시내용을 객관적이고 다양한 방법으로 전달함으로써 그 파급력이나 역할의 중요성이 나날이 증가하고 있다.

전시의 개념 및 의의

$$展 = 열다$$
$$示 = 펴다$$

전시의 개념은 전시라는 한자에서 말하듯, 순서에 의해서 전개하는 개념과 여러 가지 콘텐츠를 펼쳐서 설명적으로 공간화시키는 의미를 부여한다. 이에 더하여 영어적인 표현인 전시(exhibition)는 보여주기 (to show), 진열하기(to display), 시각화하기(to make visible)를 모두 의미하며, 이외에 의미 있는 표시(meaningful showing of things), 목적을 가지는 진열(display with purpose) 등으로 해석하기도 한다.

또한 전시라는 단어 안에는 인간이 삶을 전개하면서 그 속에서 이루어지는 모든 행위를 일정한 공간 속에 스토리를 구성하여 그 속에 의미와 내용 감동과 체험으로 관람자로 하여금 전시내용을 쉽게 이해할 수 있도록 하는 공간의 개념이 함유되어 있다. 즉, 전시 공간은 단순히 물건을 진열해놓는 것이 아니라 그것을 관람하는 사람들에게 무엇인가를 전달하는 기능도 충족하여야 하므로 종합적인 소통의 한 가지 형태라고 할 수 있다.

전시가 인간 삶과 밀접한 관계를 가지고 있고 전시 공간 역시 사회구조와 밀접한 관련이 있음은 자명하다. 따라서 전시 방법과 전시 공간의 형태, 그리고 전시과정과 내용 역시 시대와 사회적 속성에 따라 변화하고 제안되고 있음은 당연하다. 즉, 공간은 사회를 드러내고 표현하는 장으로 사회 그 자체이며 공간형태와 그 과정은 총체적인 사회구조의 역동성에 의해 형성되는 것이다. 16세기 수집가의 개인 수집 공간이 사회 공간으로 확장되고 다시 18세기 이후 대형 박물관 등 근대적 공공 박물관으로 변화하고 사회 · 경제 · 문화 등을 서로 합쳐서 재조직화하고 재창출하는 것을 의미하는 컨버전스 현상에 의해 사람의 지각을 이용한 다양한 전시방법이 늘어나고 있는 것 등은 예술품에 대한 사회적 관점과 취향, 그리고 욕구와 가치관의 변화 등 사회의 변화가 어떻게 전시 공간을 변화시켰는지를 보여주는 예이다.

신체에서부터 거리, 근린, 도시, 지역 등 다층의 공간은 더 이상 독립적인 것이 아니라 서로 함께 어우러지고 융합되면서 의미를 전달하고 소통하는 전시의 기능을 다하고 있다. 첨단의 디지털 기술은 사용자의 욕구 표출과 수용을 탈영역, 탈시간화(時間化)하였으며 감각을 동원한 다양한 전시방법을 이용하여 전시의 편리성을 증대시키고 있다. 이러한 현대사회의 또 다른 전시 전달매체로 신문 · 방송 · 광고 ·

인터넷 등을 들 수 있으며 이들은 하나의 콘텐츠 종합공간으로 의미를 갖기도 한다.

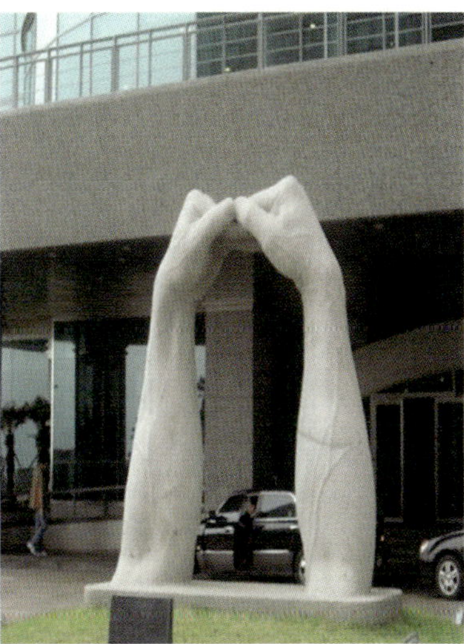

<그림 4> 공적 공간(open space)의 전시

<그림 5> 전시물에 대한 사회적 욕구와 다양한 관점을 보여주는 전시

<그림 6> 현대사회의 전달매체

전시계획의 개요

　전시디자이너는 공간과 전시 주체(전시물), 객체 간의 경계면 혹은 점이대(漸移帶)에서 디자인 해석자, 창조자, 통합자로서 구심적 역할과 아울러 전시의 목적과 전시관의 유형에 따른 적합한 전시연출을 수행할 수 있어야 한다. 전시 전달성이 극대화되기 위해서는 체계적인 관람 순서와 주제별로 잘 구성된 전시 시나리오가 필요하다. 이와 함께 주어진 시공간과 동선상에서 가장 안정되고 효율적인 전시연출 요소를 도출하기 위해 전시 아이템을 전시 언어로 재해석하고 공간적으로 맥락화하는 작업이 수반되어야 한다. 이와 같은 전시를 위한 일련의 작업은 전시계획에 의해 설계되고 추진될 수 있다.

　사회가 변화, 발전함으로써 전시관의 기능이 단순히 자료수집·보관·전시만 하는 것이 아니라 전시물을 관람하는 사람들에게 무엇인가를 전달하는 기능을 충족하는 종합적인 소통의 한 형태로 발전하고 있다. 즉, 전시 공간이 '커뮤니케이션 행위'와 '공간'의 만남과 융합에 의한 소통의 기능을 가지는 공간으로 변화하고 있다.

이를테면 실내공간과 야외공간을 하나의 이야기로 구성하여 주제파크형·체험형·참여형·반응형·유도형 등의 형태가 그러한 것이다.

이러한 전시관의 기능과 형태의 변화는 자연스럽게 전시내용을 설명하는 해설가를 요구하게 되고 전시 공간에서의 전시 주체와 객체 간 보다 적극적인 소통을 위하여 해설가의 전문 지식 습득이 의미 있는 것으로 인식되고 있다.

1. 전시계획의 기본요소

전시관의 전시는 전시물(주체)과 그것이 전시되는 공간, 그리고 관람자(객체)로 이루어진다. 전시 공간에서 주어진 교감요소는 공간+전시 주체+관람자 등 세 가지 항목의 속성에 따라 전시 목적에 맞게 콘텐츠화되고 전달된다.

2. 전시계획의 목적

전시계획의 목적은 전달하고자 하는 모든 콘텐츠의 메시지를 보다 흥미롭고 집중력 있게 또한 함께 체험하는 공간을 설정해줌으로써 시

대정서, 가치, 의미 등을 교육적·학습적·효과적으로 인식하게 하는 것이 주목적이다.

3. 전시연출의 대상

특정 사회가 보유하는 모든 자연과 인문환경이 전시연출의 대상이 될 수 있다. 산업사회 이전에는 주로 컬렉터의 사물이나 박물관의 역사적 유물, 미술품 등을 중심으로 한 전시연출이 이루어졌으나 오늘날에는 전시의 기능과 형태가 다양해지면서 전시연출의 대상 역시 일정한 범주를 넘어 다양하게 존재한다. 지질·지형·암석·광물·천체·기상·식물·동물·정치·경제·사회·문화·역사·과학·IT·스포츠·기술·건물·사람 외에 무형의 실체 등 다양한 내용과 주제를 가진 전시연출 대상이 점점 숫자적으로 증가하고 있다. 이는 관람자의 기호 다양화, 연출 방식의 발달, 전시 공간에 대한 정형적 시각의 탈피 등 여러 요인이 작용한 결과이며 시대적 이념이나 가치의 변화 역시 그러한 요인으로 지목할 수 있다.

이는 끊임없는 시장 분석과 전시연출 대상의 발굴이 필요함을 시사하고 있으며 관람자 속성과 전시 주체와 매개에 대해 보다 더 심층적으로 분석하고 준비해야 한다는 명제를 제시하고 있다.

4. 전시연출 시나리오와 공간의 특성

적절하고 합목적적인 전시연출을 위해 전달하고자 하는 전시의 핵심을 구체적으로 표현하는 것은 매우 중요하다. 즉, 전시 전달성의 극대화를 위해 가장 우선되어야 하는 부분으로 관람 순서와 함께 공간별 주제 전개를 위한 훌륭한 시나리오를 작성하는 것이 이에 해당된다. 전시연출 시나리오를 통해 각 아이템을 이야기를 구성하듯 내용을 순서화하고 공간의 특징을 명시하고 공간을 차별화함으로써 그것을 관람하는 사람들로 하여금 목표하는 메시지를 전달받게 하고 전시 내용과 공간에 대한 이미지를 경험하게 한다.

전시공간도 사회변화의 흐름에 따라 보는 것만 제공하는 공간으로에서 사람의 지각을 이용한 전시 방법이 활용되는 공간으로 변모하고 있다. 이러한 전시 공간은 관람자에게 시각적인 지각에서 그치는 것이 아니라 시각·청각·후각·미각·촉각 등 다양한 감각의 효과를 만족시켜 주어 감각으로써 의미의 전달 및 감성의 소통을 이행한다. 이러한 과정에서 연출은 매우 중요하게 작용하는데, 해설 또한 그러한 연출 기법 가운데 하나이다.

5. 전시물과 전시연출

전시 공간을 꾸미는 데 있어 전시물의 비중이 매우 크다 하겠다. 전시물은 그 전시관의 가치관과 수준을 전달하고자 하는 메시지 등을 겸

비한다.

전시물의 특징과 전시물의 의미를 보다 더 정확히 파악해 전시 공간에 연출하여 마치 한편의 연극에서 클라이맥스 장면처럼 극대화와 집중, 그리고 절제가 같이 존재하는 공간으로 구성할 때 그 전시물의 가치는 더욱더 빛날 것이다.

<그림 7> 현대사회의 전달매체

6. 전시운영 및 해설

관람자를 어떠한 방법으로 자극에 노출시킴으로써 흥미와 호기심을 유발하고 관람의 경험을 만족스럽게 하기 위한 일련의 행위가 연출이다. 즉, 전시물이 전달하여야 하는 메시지를 찾고 그것을 관람자에게 효과적으로 전달하기 위해 연출 구성요소인 연기 · 장치 · 조명 · 음향 · 의상 등을 유기적으로 결합시키는 작업이다. 연출은 전시계획의 부분이며 해설 역시 연출 부분에 해당한다. 관람자들은 연출자에 의해 적절한 자극에 노출되어 전시물에 매료되고 탄성을 발하기도 하여 주의를 집중시키게 된다.

전시연출이 관람자의 지각 수준 및 재방문과 밀접한 관련이 있는 것으로 알려지면서 해설사의 테크닉이나 태도 등이 주목받고 있는 것이 사실이다.

7. 전시의 분류

1) 물리적 특성(공간성격)에 따른 분류

실내전시, 야외전시, 이동전시, 순회전시, 가상전시

2) 전시기간(시간의 성격)에 따른 분류

상설전시(계속전시), 일정전시(기획전시 · 특별전시 · 주제전시)

3) 전시기법에 따른 분류

전시연출, 영상전시, 체험전시(실험 · 실험전시), 그래픽전시 등

1) 기본 계획

　전시 주제에 대한 콘텐츠 범위와 기본 이야기의 방향, 목적, 그에 따른 기대효과까지 감안하여 사업의 범위를 정하는 단계이다.

2) 전시 기본 설계

　전시방향에 따른 각 존 및 소주제에 대한 설정과 포지셔닝을 정하고 각 코너의 연출 방법 등을 구체적으로 정하여 전시 공간의 성격과 환경 메시지의 의미까지 정리하는 단계이다.

3) 전시 실시 설계

　전시연출의 공간, 매체 등을 연출이 가능하게 현실화시키고 디자인적인 환경 구축이 실현될 수 있도록 한다. 예산 또한 이 단계에서 확정된다.

4) 전시 제작 설치

　전시연출 공간 대상지에서 실제로 시설환경을 구축하고 전시 매체들을 미리 제작하여 실제 해설 대상지에 연출함으로써 전시관으로의 제 기능을 다할 수 있도록 한다.

2013 KCTA 미래관 information

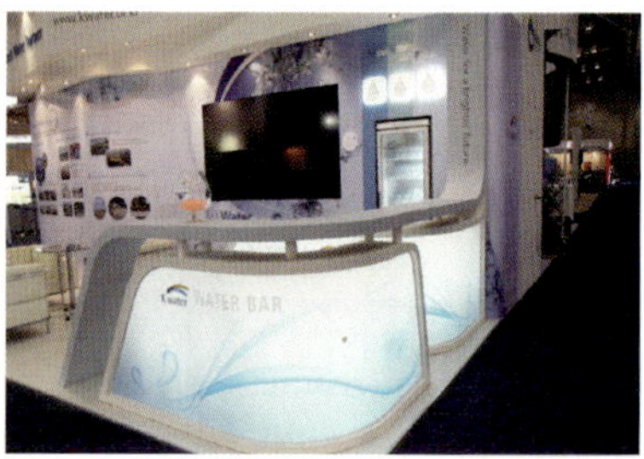

2012 K-Water information

2012 GS 해외지사 그래픽

2012 posco E&C 그래픽

1. 물리적 특성(공간의 성질)에 따른 연출 사례

1) 실내전시

2) 실외전시

3) 이동전시

4) 순회전시

2. 기간에 따른 연출 사례

1) 일정 전시(비상설 전시): 박람회, 엑스포, 코엑스 전시 등

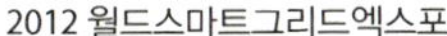

2012 월드스마트그리드엑스포

2013 국제전기전력전시회

2013 오송화장품박람회

2012 LIPs&마크리부전

2013 하우징브랜드페어

2013 국제 접착 · 코팅 · 필름 산업전시회

2010 은평구평생학습관

2012 POSCO 공촌 사업소

2) 상설전시

인천청라 자동크린넷 홍보관

국립산림과학원 IUFRO 기념관

행복도시 홍보관

런던과학관

리움

어린이 체험관

3. 전시기법에 따른 분류

1) 전시연출

2) 그래픽

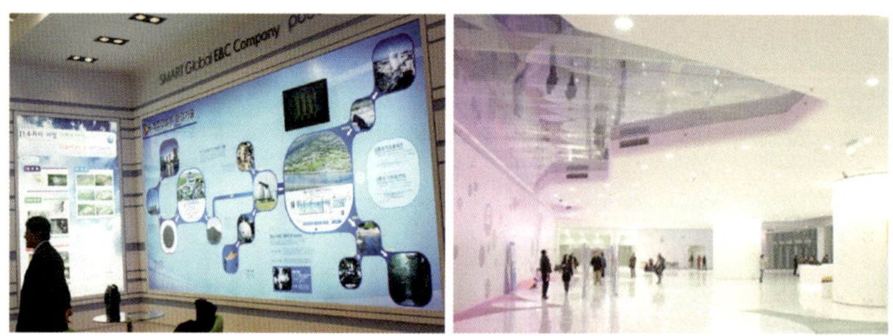

3) 모형

전시 교육

4) 영상

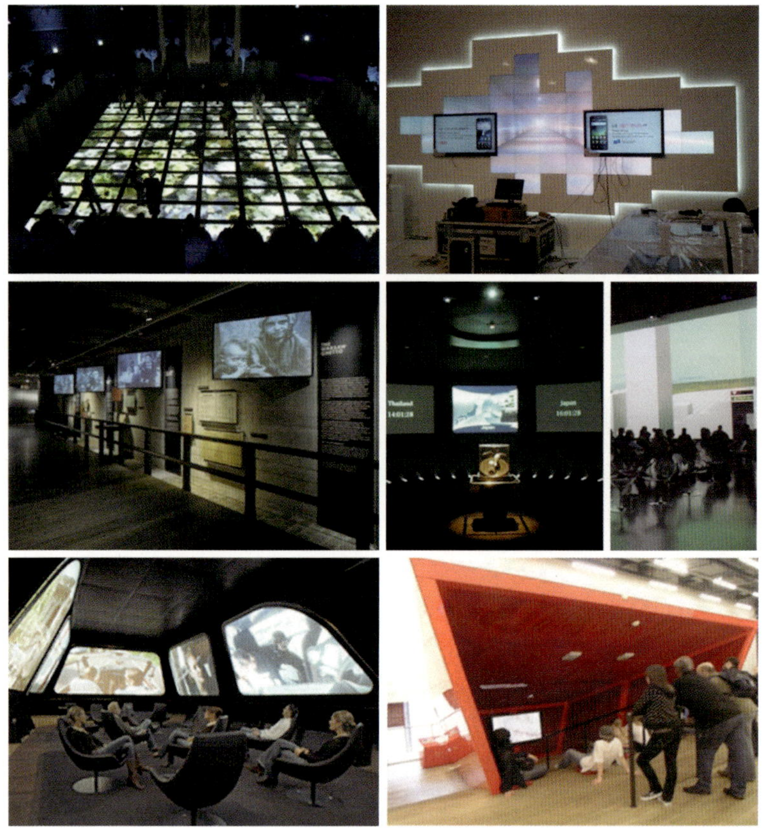

전시연출 체험

1. 전시 공간연출매체 그려보기

실별

2. 전시 공간별 특징 부분 표시하기

실내 1존, 2존, 3존, 4존 / 야외 1구역, 2구역

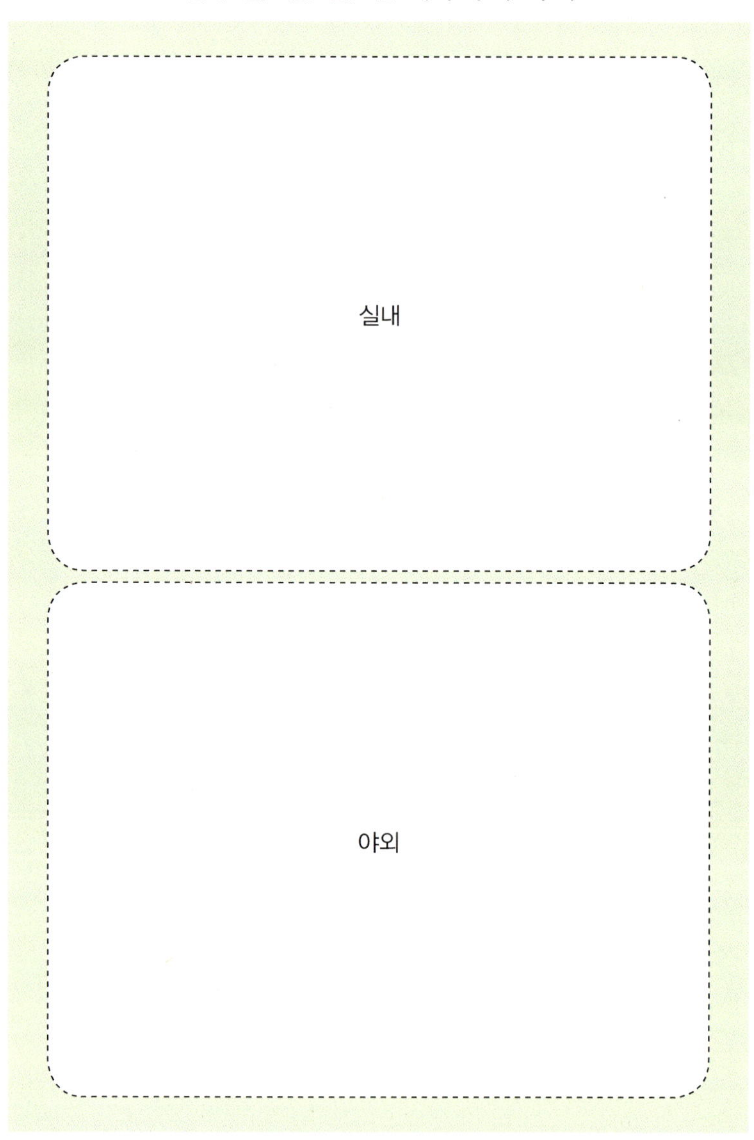

(매체) 1. 영상, 2. 모형, 3. 내용, 4. 전시물, 5. 기타

Ⅰ. 관련 외국서적

이주희 (2004). 산림환경교육 해설 프로그램 인증제 개발에 관한 연구 한국산림
　　　　휴양학회지, 8(1), 1-7.

이주희, 박정아 (2010). 체험경제 이론을 활용한 생태탐방로 해설계획, 한국산림
　　　　휴양학회지, 14(4), 61-72.

이주희, 박정아 (2011). 국립백두대간수목원 이용 및 교육해설 프로그램 운영방
　　　　안 사전 조사, 한국산림휴양학회지, 15(1), 79-86.

조계중 (2005). 자연환경해설 개론, 수문출판사.

　　　　(2007). 숲자연문화유산해설, 수문출판사.

Bloom, Benjamin, S. & B. Masia & D. Krathwohl (1964). Taxonomy of
　　　　educational obectives: Volume II, David McKay & Co.

Grant, W., Sharpe (1976). Interpreting the Environment, John Wiley & Sons
　　　　Inc.

Ham, S. H. (1992). Environmental interpretation: A practical guide for people
　　　　with big ideas and small budgets, Golden, CO: North American Press.

Knudson, D. M., Cable, T. T., & Beck, L. (2003). Interpretation of cultural and
　　　　natural resources (2nd edition). State College, PA: Venture Publishing.
　　　　Inc.

Lewis, William, J. (1988). Interpreting for Park Visitors. Eastern.

Lisa Brochu. (2003). Interpretive Planning, InterPress.

National Park & Monument Association. PA.

Tilden, Freeman (1957). Interpreting our Heritage, The University of North Carolina Press, Chapel Hill.

Tim Merriman and Lisa Brochu (2002). Personal Interpretation: Connecting Your Audience to Heritage Resources, InterpPress.

Veverka, John, A (2012a). VOLUME 1: Interpretive Master Planning -Strategies for the New Millennium, Museums Etc. Scotland.

________(2012b). VOLUME 2: Interpretive Master Planning -Philosophy, Theory and Practice. Musuems Etc. Scotland.

________(2012c). The Interpretive Training Handbook : Content, Strategies, Tips, Handouts and Practical Learning Experiences for Teaching Interpretation to Others. Museums Etc. Scotland.

이주희

고려대학교 임학과를 졸업하고 미시간주립대학교에서 공원휴양학 박사학위를 취득하였다. 1992년 이후 현재까지 대구대학교 교수로 재직 중이며, 한국산림휴양복지학회 고문, 국립공원관리공단 자문위원, 중앙산지관리위원회 위원으로 활동 중이다. 주요 연구 분야로는 해설·산림휴양·공원관리 등이 있으며, 주요 연구로는 「숲해설 인증제도 운영 및 산림환경교육 활성화 방안개발」, 「산림교육전문가 양성·훈련과정 모델 개발」, 「국립백두대간 수목원 이용 및 교육해설 프로그램 운영방안 연구」 등이 있다. 이외에도 「국립공원 탐방로 등급제에 관한 연구」, "국립공원 미래세대 환경교육 체험시설 도입 및 운영방안 연구」 등의 연구 활동을 활발하게 진행하고 있다.

조계중

순천대학교 산림자원학과를 졸업하고 미시간주립대학교에서 공원휴양학과 관광자원 석사과정을 거쳐 오하이오주립대학교에서 자연자원 박사학위를 취득하였다. 현재 순천대학교 산림자원학과 교수로 재직 중이며, 국립공원관리공단 자문위원, 산림휴양학회 숲해설이사, 한국생태학회 이사를 역임 중에 있다.
주요 연구 분야로는 산림휴양, 자연 숲 해설, 공원 및 보호구역관리 등이 있으며 주요 저서로는 『자연해설지침서 200pp』, 『자연환경해설 개론』, 『백운산 자연휴양림 숲길체험 프로그램』, 『숲 자연문화유산해설』 등이 있고 주요 연구로는 「산림문화휴양에 관한 법률 및 인증제 운영방안」, 「초등학교 교과과정 내 자연체험활동 프로그램 도입에 관한연구」, 「Interpretive Program Development for Natural Resource Conservation at Suncehon Bay」 등이 있다.

라승대

한세대학교 대학원에서 공간디자인을 전공하였다. (주)시공테크디자인 이사, (주)지엘어소시에이츠 상무이사를 역임하였으며, 현재 에이스페이스 상무이사에 재직 중이다. 국민대학교 디자인대학원 전시학과에서 강의를 하고 있으며 여수엑스포 외 전시 관련 200여 건의 프로젝트를 진행하였다.

존 베버카 John Veverka

Veverka & Associates의 대표로 미국 내 저명 해설전문가이다. 오하이오주립대학교에서 해설학을 전공하였으며 미시간주립대학교에서 해설학 박사과정을 수료하였다. 지난 30년간 미국·영국·남미 등지에서 전시해설 컨설팅을 다수 수행하였으며, 국제적으로 해설가교육해설 프로그램을 진행하고 있다.

저서로는 『Interpretive Master Planning』, 『Interpretive Exhibit planning and evaluation』, 『Interpretive training courses』, 『Interpretive Systems/Regional Interpretive Planning』 등이 있으며 해설전문가로 다양한 국가에서 자문 및 훈련교육에 참여하고 있다.

이해주

강원대학교 산림과학대학에서 산림경영학을 전공하여 농학박사 학위를 취득하였다. 1979년 산림과학원에서 시작하여 현재 국립수목원에 재직 중이며, 주요 연구 분야로는 산림역사, 산림휴양, 숲 해설 등이 있다. 현재 시대별 산림역사 자료의 유형별 정리 및 활용에 관한 연구, 산림교육전문가 양성·훈련과정 모델개발, 권역별 전시탐방로 식생에 대한 식물해설 기법개발 등의 연구를 수행하고 있다.

임연진

대구대학교 산림자원학과를 졸업하고, 산림자원학 석사, 관광경영학 박사학위를 취득하였다. 현재 국립수목원 산림환경교육연구실에서 임업연구사로 재직 중이다. 숲해설가 양성 교육과정의 '숲 해설 개론' 강의와 국립수목원의 산림교육 프로그램 전반에 대한 연구를 진행하고 있다.